Q U E S

La variole

JEAN-FRANÇOIS SALUZZO
Docteur en Pharmacie
Docteur ès Sciences

ISBN 2 13 053409 0

Dépôt légal — 1re édition : 2004, février

INTRODUCTION

Étonnante histoire que celle de la variole et de son germe. Cette maladie était à peine citée dans les ouvrages médicaux récents dans lesquels elle était présentée comme l'une des plus terribles « pestilences » que connut l'humanité heureusement disparue définitivement en 1977, grâce au succès d'une campagne d'éradication orchestrée par l'Organisation mondiale de la santé. Une maladie du passé donc. La lutte contre cette maladie qui avait commencé en Chine et en Inde au début du XIe siècle allait constituer l'une des pages les plus glorieuses de l'histoire de la médecine : la vaccination, dont l'inspirateur Jenner fut élevé de son vivant au rang de bienfaiteur de l'humanité.

Si l'on reparle aujourd'hui de la variole, ce n'est pas en raison de sa réémergence mais du risque potentiel de l'utilisation du virus comme arme de guerre biologique. L'attaque au moyen du bacille de l'anthrax, dont furent victimes les États-Unis après le 11 septembre 2001, rappelle la vulnérabilité de l'espèce humaine face aux agents microbiens. Ce n'est pas tellement le nombre de victimes (cinq) qui sensibilisa les autorités, mais bien plus le risque potentiel d'utilisation de telles armes. Le virus de la variole apparaît alors comme une arme de choix : la transmission interhumaine est aisée ; le virus a d'importantes propriétés de résistance physico-chimiques ; enfin l'arrêt des campagnes de vaccination depuis près de trente ans a permis la constitution d'une population importante de jeunes réceptifs au virus.

D'une origine probablement animale, le virus de la variole s'adapta à l'homme et à une transmission par contact direct, dès que les densités de population humaine furent suffisantes, c'est-à-dire lors de la création des villes pendant la révolution agricole, il y a quelque cinq mille ans. Pendant des siècles, le virus va circuler, sous forme d'épidémies, sur le continent eurasien, jusqu'à ce qu'une frange importante de la population devienne immune. En l'absence de réservoir animal pour se maintenir, la variole va devenir une maladie de l'enfance, seule partie de la population sensible au virus. Il était ainsi d'usage en Europe au XVIIIe siècle de ne compter ses enfants uniquement après qu'ils eurent eu la variole. Cette redoutable maladie va mobiliser les médecins pour trouver une parade. De la variolisation[1] à la vaccination, le génie d'observation va permettre de trouver l'arme absolue, *la vaccine,* qui aboutira en 1977 à l'éradication du virus. Disparition définitive ? Pas tout à fait puisque, en 1980, si l'OMS demande aux États de détruire tous les stocks du virus de la variole, elle autorise néanmoins deux laboratoires, localisés à Atlanta et à Moscou, à conserver des échantillons. Au lendemain de l'effondrement du Bloc soviétique, les services secrets des pays occidentaux évoquent la possibilité que des

1. Voir chap. V, titre I.

chercheurs russes aient rejoint des pays qui développent un programme d'armements biologique. Dans leurs bagages, ces scientifiques auraient emporté différents germes dont celui de la variole. La possibilité d'un tel danger était confirmée par un dissident russe, le Dr Ken Alibeck, qui a fourni des informations sur l'ampleur du programme secret d'armement biologique qu'avait développé l'Union soviétique au lendemain de la Seconde Guerre mondiale. Parmi les germes les plus étudiés, celui de la variole figurait en bonne place. Ces informations avaient stupéfié le monde occidental qui se trouvait partiellement démuni face à la réapparition du virus de la variole. En effet, les stocks de vaccins constitués par l'OMS, dans les années 1970, avaient été détruits faute de moyens financiers pour en assurer leur conservation. Quant aux stocks nationaux, en général conservés par les militaires, ils ne répondaient pas aux normes actuelles : d'une part, la vaccine peut avoir des effets secondaires graves, connus depuis longtemps, comme l'encéphalite postvaccinale ; d'autre part, l'état immunitaire de la population a considérablement évolué depuis les années 1960. Le vieillissement, les maladies infectieuses et notamment le sida, différents traitements ou encore les greffes d'organes ont abouti ces dernières années à créer une population importante de sujets immunodéprimés et donc à risque pour une vaccination. En outre, il apparaissait que l'hospitalisation des malades poserait d'énormes difficultés puisque le personnel soignant ne serait pas vacciné ou l'aurait été au mieux il y a plus de vingt-cinq ans. La persistance de l'immunité suite à une primo-vaccination reste mal connue, et l'on peut imaginer que, pour des fins bioterroristes, la souche de virus de la variole retenue soit extrêmement pathogène.

Cet ouvrage prend donc place à une période particulière de l'histoire de la variole. Alors qu'il y a quelques années, il aurait chanté les louanges de la médecine préventive, ce livre doit relater l'histoire d'un virus aujourd'hui devenu une arme de choix dans la guerre biologique. Dès à présent une mobilisation générale a été mise en place, notamment aux États-Unis, pour lutter contre ce risque potentiel, nous amenant à consacrer une partie importante de l'ouvrage aux développements récents de la lutte contre cette virose, dont l'OMS avait pourtant déclaré l'éradication en 1979.

Il reste à espérer que les menaces d'une attaque biologique ne se concrétiseront pas, peut-être grâce à une mobilisation préventive sans précédent dans l'histoire de la médecine qui pourrait produire un effet dissuasif.

Chapitre I

HISTORIQUE

I. – Origine du virus

Les termes *smallpox* ou « petite vérole » ont été utilisés pour différencier la variole de la vérole (syphilis), la comparaison de ces deux infections cutanées reposant sur la taille des lésions qu'elles occasionnent. Malgré la similitude des lésions, l'histoire de ces deux maladies est tout à fait différente. La syphilis est apparue au retour des compagnons de Christophe Colomb, à la fin du XVe siècle, tandis que la variole est une maladie très ancienne.

Les conditions de transmission strictement interhumaine du virus de la variole ont nécessité, pour son développement, une densité de population suffisante pour maintenir une circulation permanente du virus. Ces conditions ont été réunies lors de l'apparition des premières cités. Les particularités de circulation du virus de la variole se rapprochent de celui de la rougeole pour lequel on dispose de données épidémiologiques précises sur les modalités de maintien parmi les populations humaines. Ces deux virus induisent une immunité protectrice à vie ne permettant pas une réinfection et ne produisant pas d'infection chronique persistante.

Ils doivent donc nécessairement rencontrer assez de sujets non immuns pour circuler selon un mode épidémique. Concernant la rougeole, les observations épidémiologiques faites dans les îles du Pacifique, en fonction de la densité des populations, ont permis de conclure qu'une population minimale de 300 000 habitants était nécessaire pour que le virus se maintienne. C'est le cas pour Hawaï. Pour des îles faiblement peuplées, tel Tahiti, le virus ne peut se maintenir, il doit être régulièrement introduit. Pour le virus de la variole, la transmission interhumaine étant moins efficace que pour le virus de la rougeole, il a été estimé qu'une population minimale de 200 000 habitants était nécessaire pour maintenir sa circulation permanente. Ces densités de population existaient il y a environ cinq mille ans dans des régions comme le Croissant fertile, l'Égypte, les Indes.

Si les conditions d'amplification du virus de la variole apparaissent bien établies, puisque la contamination est strictement humaine, son origine est plus difficile à établir. Il est probable qu'il s'agit d'un virus d'animaux qui s'est adapté à l'homme. L'analyse comparative du génome rapproche le virus de la variole de celui du camelpox. Ce type d'analyse laisse à penser que ces deux virus dérivent l'un de l'autre ou d'un ancêtre commun qui pourrait être un poxvirus de rongeur. On peut alors avancer l'hypothèse qu'au cours de la domestication des chameaux, qui s'est produite également il y environ cinq mille ans, le camelpox a franchi la barrière d'espèce et s'est adapté définitivement à l'homme donnant naissance au virus de la variole. Ce schéma d'apparition d'une maladie infectieuse humaine est classique. On le retrouve pour de nombreux germes, tels ceux de la rougeole ou de la tuberculose qui dérivent de micro-organismes provenant d'animaux domestiques. C'est donc au cours de la révolution agricole que se seraient effectués ce passage et cette adaptation du virus de la variole à l'homme. Cette période essentielle dans le développement de l'humanité s'est accompagnée non seulement de la sédentarisation des hommes et du développement de cités, mais également d'importants échanges commerciaux en relation avec la création des routes. Autant de conditions favorables pour la dissémination de la maladie. Les connaissances de l'origine du virus de la variole restent purement spéculatives ; les données récentes de la biologie moléculaire sur l'analyse des génomes des poxvirus n'apportant pas de conclusion définitive. D'autres hypothèses ont pu être avancées, notamment sur l'hôte-réservoir du virus qui aurait pu être un animal sauvage ainsi que sur la date de sa transmission à l'homme. Le virus de la variole pourrait être très ancien et avoir circulé dans les zones forestières de l'Afrique tropicale. Cette hypothèse rejoint les observations récentes d'un autre poxvirus, le monkeypox (agent de la variole du singe), qui produit une maladie similaire à la variole. Celui-ci est présent en Afrique centrale et de l'Ouest où il se maintient selon un cycle enzootique (faisant intervenir divers animaux sauvages) et infecte accidentellement et de manière sporadique l'homme. Pour la variole, une situation similaire a pu se produire et ce n'est que lorsque le virus a quitté son foyer naturel pour se répandre plus au nord, qu'il a dû s'adapter à une transmission interhumaine exclusive.

Si l'origine du virus de la variole reste mystérieuse, sa présence au cours de l'Antiquité semble faire moins de doute.

II. – Les preuves de l'existence de la maladie dans l'Antiquité

Des passages d'ouvrages anciens, certaines découvertes archéologiques, ou encore l'examen de momies semblent attester de la longue histoire de la variole. À l'instar des recherches sur la peste ou la tuberculose, les méthodes modernes de diagnostic faisant appel aux techniques de biologie moléculaire et notamment l'amplification génique (PCR) pourraient dans un avenir prochain confirmer ou non les preuves accumulées depuis des siècles.

1. **Égypte.** – Les historiens estiment que, trois mille ans avant J.-C., le nombre d'habitants dans les régions fertiles en bordure du Nil atteignait déjà un million, et trois millions au cours du Ier millénaire avant J.-C. Divers récits, et notamment bibliques, attestent que l'Égypte a subi plusieurs épidémies très meurtrières, mais aucune ne semble être due au virus de la variole, d'après le contenu de leurs descriptions. Toutefois, des travaux des paléopathologistes, au début du XXe siècle, rapportent la découverte de trois momies dont la peau est recouverte de lésions compatibles avec la variole :

une première momie datant de la XIIe dynastie (1200-1100 av. J.-C.), une momie plus ancienne de la XVIIIe dynastie (1580-1350 av. J.-C.) et enfin la momie de Ramsès V, qui ne régna que quatre ans avant de décéder en 1157. La présomption d'une éruption variolique repose non seulement sur la distribution des lésions mais également sur des examens en microscopie optique. Par contre, l'examen en microscopie électronique réalisé par Donald Hopkins, en 1980, sur des fragments de peau apparemment saine de la momie de Ramsès V, n'a pas permis de détecter la présence caractéristique d'un poxvirus. L'auteur n'avait pas été autorisé à prélever des fragments de pustules. D. Hopkins, spécialiste mondialement connue pour ces travaux sur la variole, concluait ainsi son rapport : « L'aspect des pustules, leur taille, et leur distribution sont tout à fait compatibles avec les éruptions observées dans la variole. » La preuve définitive de l'étiologie variolique pourrait être obtenue par les tests d'amplification génique (PCR) pratiqués sur des fragments de peau portant des lésions caractéristiques, prélevés sur ces différentes momies. En attendant, nous pouvons estimer, comme beaucoup d'historiens, que la variole existait en Égypte il y a au moins trois mille ans.

2. **Inde.** – À partir du foyer égyptien la maladie a pu se diffuser en Inde au cours du Ier millénaire avant J.-C. Les densités de population, en particulier dans le bassin du Gange au cours du Ier millénaire avant J.-C., et des documents écrits rendent sa pré-

sence possible. Vers 500 avant J.-C., le sous-continent indien comptait environ 25 millions d'habitants dont plus de la moitié vivait en bordure du Gange, assurant les conditions nécessaires à l'épidémisation de maladies infectieuses à transmission exclusivement humaine telles que la rougeole ou la variole. Des ouvrages anciens tel *Susrata Samhita* mentionne le terme de *masurika* qui correspondrait à la variole. L'authenticité de la maladie reste cependant discutée par les historiens car, si l'existence de fièvres exanthématiques épidémiques ne fait aucun doute, la sévérité de la maladie semble nettement inférieure à celle que nous connaissons de nos jours de la variole. Il semblerait par ailleurs que l'armée d'Alexandre le Grand ait subi une épidémie d'une maladie éruptive associée à une forte mortalité, lors de son séjour en Inde, en 327 avant J.-C.

Des ouvrages sanskrits médicaux anciens, certains aspects de mythologie hindoue, ou encore des passages des livres sacrés apportent également un ensemble d'éléments suggérant que la variole existait au cours du Ier millénaire avant J.-C., mais il est n'est pas possible de dater avec plus de précision l'apparition de la maladie dans cette région qui, par la suite, deviendra l'un des principaux foyers d'endémicité de la variole.

3. **Chine.** – La maladie pourrait avoir été introduite en Chine du Nord par les Huns dès 250 avant J.-C. À partir de cette date la maladie semble s'être établie dans les régions à forte densité de population du Yangtse. Certains ouvrages décrivent une désastreuse

épidémie attribuable à la variole, en 243 avant J.-C. D'autres documents attestent de l'apparition de la variole sous la dynastie han. Tous ces éléments convergent pour considérer que l'apparition de la maladie a été tardive en comparaison avec son émergence en Inde.

4. **Europe.** – Il n'existe pas de preuves formelles d'épidémies de variole en Europe jusqu'au VIe siècle après J.-C. La « peste » d'Athènes, décrite par Thucydide durant la guerre du Péloponnèse (430 avant J.-C.), qui avait pris naissance en Éthiopie, avant d'atteindre le pourtour méditerranéen et pénétrer en Grèce par le port du Pirée, a fait l'objet de nombreuses spéculations sur l'agent causal. La variole a été proposée comme agent étiologique de cette redoutable épidémie, au même titre que le typhus, la grippe, la peste ou encore le virus Ebola.

Lors du siège de Syracuse en 395 avant J.-C., les armées carthaginoises furent ravagées par une épidémie, provenant de Libye dont la description par Diodorus associait des pustules sur tout le corps et une forte mortalité.

À partir de l'ensemble des données connues à ce jour et en référence aux modalités de circulation du virus de la variole, on peut affirmer que celle-ci existait dans les bassins du Nil et du Gange avant l'époque chrétienne. La maladie a pu diffuser depuis ces foyers ancestraux vers les différents centres comportant des villes suffisamment peuplées pour maintenir la circulation du virus. À l'époque romaine, la vallée du Nil comptait environ 7 millions d'habitants, la Chine quelque 58 millions et l'Inde 25 millions, représentant des densités de population suffisante pour assurer la circulation d'un virus à transmission exclusivement interhumaine. Des foyers nord-africains, le virus a pu se répandre sur le pourtour méditerranéen, même si en dehors d'Athènes et plus tard de Rome, il existait peu de villes suffisamment peuplées pour assurer le maintien du virus. Les épidémies résultaient probablement de l'introduction répétée du virus sur le pourtour méditerranéen. Du foyer indien, le virus a pu se diffuser lors de la conquête des Huns en Chine et s'y établir.

III. – Les premières épidémies de l'Antiquité au Moyen Âge

L'Empire romain fut très affecté par les épidémies, regroupées sous le terme générique de « peste » sans que l'étiologie soit toujours précisée. Les maladies infectieuses que rencontrèrent les Romains se répartissaient entre maladies endémiques, dont la principale fut la malaria, et les épidémies. Leur rôle dans la chute de l'Empire romain reste discuté. La malaria affectait tout particulièrement les campagnes. Devenue endémique pendant des siècles, elle pourrait avoir joué un rôle dans l'affaiblissement des légions romaines. Les pestes ravagèrent l'Empire a plusieurs reprises. La peste d'Antonin (164-189) connue aussi sous le nom de peste de Galien, qui en fit une description assez précise, pourrait être due à la variole. L'épidémie débuta au retour des légionnaires de Mésopotamie. Elle fit entre 3 et 7 millions de victimes dans l'ensemble de l'Empire romain. Galien précise que la maladie commençait par de la fièvre et une inflammation de la bouche, qu'elle associait ensuite une diarrhée, des vomissements et une éruption formée de pustules qui recouvraient entièrement le corps.

En France lors de l'invasion des Huns en 451, l'évêque de Reims qui avait survécu à une épidémie de variole, fut martyrisé par les envahisseurs, il devint le saint-patron des victimes de la variole : saint Nicaise. L'origine de la maladie en France, à cette époque, reste inexpliquée. Était-elle déjà endémique ou bien a-t-elle été introduite par les Barbares ?

En 580, une épidémie survient dans la ville de Tours que Grégoire, évêque de Tours, relate ainsi : « L'an dernier, le pays de Tours fut désolé par une horrible maladie pestilentielle. Telle était la nature du mal qu'une personne, après avoir été saisie d'une violente fièvre, était couverte de vésicules et de petites pustules ; les vésicules étaient blanches, dures, sèches et très douloureuses ; si le patient survivait, à leur maturité, elles s'ouvraient et commençaient à suppurer, et alors la douleur devenait bien plus intense, par adhérence des draps ou des habits au corps du malade. » Grégoire précise ensuite : « Quand cette calamité fondit sur le pays, elle occasionna, dans toute son étendue, une telle dépopulation que le nombre de morts ne se pouvait compter, et quand les tombes et les cercueils manquaient, dix corps et même davantage étaient enterrés dans la même fosse. » Ces données cliniques et épidémiologiques suggèrent fortement une épidémie de variole, et révèlent l'importance de ce fléau sur l'évolution démographique.

À la même époque, Marius, évêque d'Avranches, utilise pour la première fois le terme de « variole (de *varius* : tacheté, ou *varus* : pustule) » pour qualifier une épidémie qui sévissait en France et en Italie en 570.

Toujours en 570, la variole est décrite en Afrique au cours d'un récit qui associe légende et information historique. Une armée éthiopienne conduite par Abraha, un prince chrétien, vice-roi du Yémen, marche sur La Mecque. Au cours de ce conflit, connu sous le nom de « La guerre des éléphants », une redoutable épidémie d'une fièvre exanthématique anéantit la quasi-totalité de l'armée éthiopienne. « La guerre des éléphants » fut à l'origine d'une allégorie dans le Coran : « Dieu envoya des volées d'oiseaux qui firent pleuvoir sur les assaillants des pierres qui détruisirent les troupes éthiopiennes. »

Entre 600 et 900, on possède peu d'informations sur le maintien ou non de la variole en Europe et en Afrique du Nord. En 910, le grand médecin perse Rhazès (850-925) publie un ouvrage dans lequel, pour la première fois en Occident, sont exposées des données cliniques permettant clairement de différencier la variole et la rougeole, deux des principales fièvres éruptives. Ce document constitue une étape décisive dans l'histoire de la variole car il précisait notamment que la maladie était endémique chez les enfants, et se manifestait sous forme d'épidémie à caractère saisonnier en Asie centrale.

Durant l'expansion arabe au VIIIe siècle la variole se répandit sur le pourtour méditerranéen. De même, les croisades aux XIIe et XIIIe siècles favorisèrent les épidémies de variole. C'est ainsi que la maladie fut introduite en Angleterre et en Allemagne, au retour de la croisade dirigée par Édouard Ier, en 1300. La maladie était toutefois endémique en Angleterre bien avant le retour des Croisés puisque certains écrits témoignent de sa présence dès le Xe siècle. On peut affirmer qu'à la fin du XIIe siècle la variole était présente en Europe. Son émergence était liée aux densités de populations élevées que l'on retrouvait dans les grandes villes ou aux concentrations des militaires qui jouèrent un rôle important dans la permanente diffusion du virus entre le monde arabe et le pourtour méditerranéen.

En Asie, la variole était endémique en Inde et en Chine. Au IVe siècle après J.-C., un auteur chinois, Ko Hung, décrit pour la première fois les différences cliniques entre la variole et la rougeole et cela quelque six cents ans avant les travaux de Rhazès. De Chine, le virus se diffusa en Corée, puis au Japon dès le VIe siècle. Toutefois les populations réparties dans de nombreuses îles de l'archipel nippon étaient trop faibles pour assurer le maintien du virus qui devait y être réintroduit à plusieurs reprises à partir de la Corée. Ce n'est qu'au Xe siècle que la variole deviendra endémique au Japon.

La très large distribution du virus de la variole sur l'ensemble du continent eurasien ne résulte pas de foyers endémiques dispersés mais d'un permanent échange dans cet immense continent. Très tôt les Chinois ont exploré l'Asie centrale, ils sont parvenus en

Afghanistan dès 128 avant J.-C. Plus tard au Ier siècle après J.-C. les échanges entre l'ouest et l'est du continent eurasien se sont amplifiés par la fameuse « Route de la soie ». Progressivement les échanges se sont accrus entre les deux « superpuissances » de l'époque : Rome et la Chine. Les échanges commerciaux se faisaient par caravanes, le long des routes rendues relativement sûres. En outre, le commerce maritime prit un rapide essor. Au cours des deux premiers siècles de l'époque chrétienne, le commerce entre la Méditerranée, l'Inde et la Chine s'amplifia, les caravanes traversaient les déserts et les steppes d'Asie centrale jusqu'aux comptoirs bordant l'océan Indien et les mers voisines. Ces échanges étaient accompagnés de la dispersion de germes présents dans différents écosystèmes et entretenaient des épidémies dans l'Empire romain : peste d'Antonin (164), peste de Cyprien (250 apr. J-C.), peste de Justinien (540). Les conséquences similaires ont du se produire en Asie, bien que les documents soient insuffisants pour retracer les perturbations dues aux maladies infectieuses.

Cet échange microbien va aboutir, sur le continent eurasien, à ce que l'historien Emmanuel Le Roy Ladurie qualifie d'« unicité du monde microbien ». Les maladies infectieuses transmissibles qui induisent une immunité durable, tels la rougeole, la variole, la rubéole, la varicelle ou les oreillons, se manifestent sous forme d'épidémies souvent meurtrières, mais les survivants sont définitivement protégés. Dans ces conditions l'individu infecté ne participe plus au cycle de l'agent infectieux. Par conséquent pour que le virus se maintienne, il devra trouver un nombre suffisant de sujets non immuns qui se recruteront chez les nouveau-nés et les jeunes enfants. C'est pourquoi nous parlons des maladies infectieuses de l'enfance, dont la variole et la rougeole ont été les plus meurtrières. Au Moyen Âge la variole est une maladie de l'enfance, la majorité de la population adulte étant protégée contre cette virose, suite à l'acquisition précoce de l'infection. Cette unicité du monde microbien dans le continent eurasien atteindra son apogée lors des XIIe et XIIIe siècles. Entre le IXe et le XIIIe siècle l'Europe ne connut aucune épidémie majeure. La principale maladie à cette époque était la lèpre. Pendant cette période, l'Europe a connu un développement démographique exceptionnel, sa population passant de 25 millions en 950 à 75 millions en 1250. Cette exceptionnelle situation devait prendre fin en 1347 lors de la peste noire qui, en quelques années, a anéanti entre 25 à 45 % de la population européenne. Le pape Clément V évaluait la mortalité en Europe à au moins 23 millions d'individus. Les ravages causés par la peste ne laissèrent que peu de place, dans la littérature médicale, sur le rôle de la variole qui néanmoins demeurait endémique en Europe. Au XVe siècle, alors que l'intensité meurtrière de la peste s'estompait et que la lèpre avait disparu, des informations attestent de la présence de la variole. À Paris une épidémie de variole en 1438 tue près 50 000 personnes, essentiellement des enfants. À cette époque, la variole connaît une extension dans les pays nordiques, en Islande et sur la côte du Groenland.

En 1494, le roi de France Charles III, à la tête d'une armée composée de mercenaires de différents pays et notamment d'Espagne, assiégea Naples. Au cours de ce siège, la syphilis fit son apparition, elle deviendra le « mal de Naples » pour les troupes françaises ou le « mal des Français » pour les assiégés. La syphilis se répandit alors comme une traînée de poudre au retour des armées. Elle deviendra la grosse vérole en raison des lésions cutanées qu'elle induit, le terme de « petite vérole » (*smallpox* pour les Anglais) restant réservé à la variole.

À la fin du XVe siècle, les pays européens se tournèrent vers l'océan Atlantique à la conquête du Nouveau Monde, des progrès maritimes permettant d'audacieuses traversées transocéaniques pour conquérir de puissants empires. Les conquistadors furent aidés dans leur mission par les maladies infectieuses qu'ils avaient acquises dès leur plus jeune âge. Parmi celles-ci la variole constitua le principal fléau destructeur des populations amérindiennes.

Chapitre II

L'IMPACT SOCIAL ET DÉMOGRAPHIQUE DE LA VARIOLE

I. – La conquête du Nouveau Monde

La conquête du Nouveau Monde par les Européens au début de XVIe siècle s'est accompagnée du plus important effondrement démographique que connut l'humanité. Près de 54 millions d'Amérindiens ont disparu en quelques années après l'arrivée des Européens. Cette dramatique évolution ne peut à elle seule être expliquée par la barbarie des Espagnols et la fameuse « légende noire », comme l'atteste le constat d'une mortalité similaire des populations indigènes au contact des Européens quelle qu'en soit la provenance : Anglais, Français, Portugais, Hollandais. Les historiens modernes ont réanalysé les causes de cet effondrement sans précédent, et attribué un rôle prépondérant aux maladies infectieuses, parmi lesquelles la variole a joué un rôle déterminant.

La grande sensibilité des populations amérindiennes résulte de différents facteurs.

– Il semblerait que les populations du Nouveau Monde n'aient pas connu d'épidémies avant l'arrivée des Européens. Cette particularité réside dans l'absence d'animaux domestiqués (lama et alpaga vivaient selon un mode semi-domestique), source de germes infectieux transmissibles à l'homme. À l'opposé, sur le continent eurasien près d'une vingtaine d'espèces d'animaux sauvages avaient été domestiqués lors de la révolution agricole, permettant ainsi de rapprocher les germes responsables de zoonoses de l'homme. Parmi les germes qui ont franchi une barrière d'espèce, plusieurs ont joué un rôle important dans la dissémination des maladies infectieuses. L'immunité acquise précocement s'est avérée décisive aux conquistadors, lorsque ces germes ont été introduits dans le Nouveau Monde.

– L'homogénéité raciale des peuples amérindiens, comparativement aux Européens, les a rendus très sensibles aux germes. La conjonction de ces facteurs a abouti à une rapide disparition des populations locales par des épidémies successives de germes différents, qui ne permirent pas aux populations indiennes d'acquérir une immunité protectrice. La variole est rapportée sur l'île d'Hispaniola dès 1507 ; en 1518 une importante épidémie ravagera cette île, dès 1519 plus d'un tiers des Indiens avaient succombé à la variole. De ce foyer initial le virus se répandit dans les autres îles des Caraïbes, à Cuba (1518), puis à Porto Rico (1519) avant de gagner le continent. La variole atteignit le Mexique en avril 1520, à Cozumel, sur la côte est du Yucatan, la maladie se propagea rapidement dans l'intérieur du pays et assura le succès de Cortez et de ses troupes dans la conquête de la capitale de l'Empire aztèque, Tenochtitlan, le 13 août 1521. En quelques mois environ 2 à 3 millions d'Indiens périrent de la variole. C'est également en raison des épidémies de variole que Pizarro, à la tête d'une poignée de conquistadors put rentrer en triomphateur dans Cuzco en 1533. Entre 1524 et 1527, la maladie avait fait au Pérou des ravages, emportant une grande partie des dirigeants dont l'empereur inca Huayana. Il s'ensuivit une désastreuse crise de succession qui précipita la chute du puissant Empire inca. La maladie se répandit aussi rapidement en Amérique centrale, puis dans le sud du continent. L'excellent réseau de voie de communication créé par les Indiens permit une rapide diffusion de la variole jusqu'au fin fond de l'Amazonie. Le Chili fut atteint en 1554.

Outre les soldats espagnols, les huguenots français jouèrent un rôle important en introduisant la maladie au Brésil dès 1555. La pénétration des missionnaires jésuites à l'intérieur des régions amazoniennes s'accompagna également de redoutables épidémies de variole. D'autres maladies infectieuses accélérèrent cette hécatombe : rougeole, grippe, typhus. En deux siècles, les maladies et les exactions des colons détruisirent près de 90 % des populations autochtones. Le déclin rapide des populations amérindiennes eut pour conséquence le développement de la traite des Noirs qui débuta dès 1500 et s'amplifia rapidement avec l'officialisation de ce commerce par Charles Quint. Ce transfert de plusieurs millions d'individus depuis la côte ouest de l'Afrique contribua à l'introduction de nouvelles maladies infectieuses dans le Nouveau Monde comme la redoutable fièvre jaune ou la malaria.

Dans le nord du continent américain où les densités de populations étaient plus faibles et où il n'existait pas de villes de tailles comparables à celles des Empires aztèque et inca, la variole ne devint endémique que tardivement. Les immigrations successives à partir des villes européennes et le commerce des esclaves africains assurèrent l'introduction régulière du virus. Les premières épidémies furent décrites dès l'arrivée des colons entre 1616 et 1619 parmi les Indiens des régions côtières de l'actuel Massachusetts. Ces épidémies intervenaient par vagues successives, ce qui laissait le temps de reconstituer une frange de la population non immune, notamment chez les colons natifs des nouveaux territoires, entraînant une mortalité non négligeable dans les populations européennes installées dans le Nouveau Monde. L'introduction du virus de la variole par les ports eut pour conséquence la mise en place d'un système de quarantaine relativement efficace qui fut adopté pour la première fois à Boston en 1647. Mais le développement des grandes villes sur la côte Atlantique et dans le bassin du Saint-Laurent, associé à des guerres entre Français et Anglais, aboutit à l'établissement définitif du virus de la variole dans cette région : les épidémies devinrent très fréquentes dans les grandes villes comme Boston, New York, Philadelphie ou Québec. L'expansion sud, puis ouest, des colons favorisa l'extension des épidémies qui se répandirent parmi les populations indiennes particulièrement sensibles à la maladie. Ce processus inexorable fut amplifié par la dispersion volontaire et organisée du virus par les militaires anglais. Il fallut attendre le début du XIXe siècle et le développement de la vaccination jennérienne[1] pour que les épidémies de variole diminuent d'intensité, bien que les tribus indiennes continuent à payer un lourd tribut à la maladie, jusque dans les régions les plus éloignées telles que la Californie.

II. – La variole en Europe

À partir du début du XVIe siècle la variole est établie dans l'ensemble de l'Europe, à l'exception de la Russie. La maladie était alors bien connue, comme l'atteste la description faite par Jérôme Fracastor[2] qui classe la variole dans le groupe des maladies contagieuses transmissibles par contact interhumain. Au XVIIe siècle, la variole succéda à la peste et à la lèpre comme principale « pestilence » du continent européen. En outre, les épidémies en Espagne, en Angleterre et en France furent une source permanente d'introduction du virus dans le Nouveau Monde. Ainsi, l'épidémie de 1614 a été suivie de l'exportation de la maladie dans les colonies anglaises et françaises d'Amérique du Nord ainsi que de son extension en Russie. Au XVIIIe siècle, les épidémies s'intensifient et ravagent notamment les grandes familles royales européennes : la reine Marie II d'Angleterre, l'empereur d'Autriche Joseph Ier, le roi Louis Ier d'Espagne, le tsar de Russie Pierre II ou encore le roi de France Louis XV ont été emportés par la variole. La mort de Louis XV est rentrée dans la légende de cette ma-

1. Cf. chap. II, titre V.
2. Jérôme Francastor, *De sympathia et antipathia rerum, de contagione et contagionis morbis et eorum curatione libri tres,* 1550.

ladie : à la fin du mois d'avril 1774 le roi séjournait au Petit-Trianon en présence de Mme du Barry. Dans la nuit du 26 avril, il présenta les premiers troubles. Le roi regagna alors Versailles. Le 29 avril, son médecin personnel, le Dr Lemonnier, prescrivit une saignée. La fièvre persistait. Une deuxième saignée fut réalisée le même jour. C'est en soirée que la maladie se déclara. Le duc de Bouillon annonça : « Messieurs, la petite vérole du roi est déclarée. » L'origine de la contamination de Louis XV a fait l'objet de nombreuses satires qui se répandirent pour qualifier la vie amoureuse du roi, dont celle citée par Pierre Darmon dans l'ouvrage : *La variole, les nobles et les princes* : « La vérole, par un bienfait, a mis Louis XV en terre, en dix jours la petite a fait ce que, pendant vingt ans, la grosse (la syphilis) n'a pu faire. » L'origine de la contamination du roi pourrait ne rien avoir de libertin, car, à cette époque, la variole sévissait sous forme d'épidémie dans la région de Versailles même. La mort du roi eut plusieurs conséquences : à court terme une épidémie se répandit dans Versailles. Aucune précaution n'avait été prise, il était admis que le roi avait eu la variole dans son enfance et ne pouvait donc la reprendre. Les trois filles du roi furent contaminées sans conséquences. Plus d'une cinquantaine de personnes vivant dans le Palais-Royal furent infectées au cours de cette épidémie. À plus long terme, ce dramatique épisode favorisa la pratique de la variolisation, dont Voltaire fut un farouche propagandiste.

À cette époque l'établissement, dans différents pays européens, de données statistiques permet d'apprécier l'incidence de la variole. Dans les villes anglaises la variole représente 10 % du total des décès, et la quasi-totalité des victimes sont des enfants de moins de 5 ans. En Russie entre 1804 et 1810, près de 8 millions d'individus souffrirent de la variole qui emporta 10 % d'entre eux. La vaccination jennérienne se répandit rapidement en Europe à la fin du XVIIIe siècle, mais il fallut attendre la seconde moitié du XIXe siècle pour que le bénéfice de la vaccination soit réel. C'est en effet à cette époque que les autorités de santé imposèrent la revaccination, nécessaire pour l'acquisition d'une protection définitive.

Les épidémies européennes eurent d'importantes conséquences dans la diffusion de la maladie, non seulement dans le Nouveau Monde mais également dans d'autres territoires, naturellement épargnés par la maladie, qui allaient payer un lourd tribut à l'arrivée des colons. Tel fut le cas des continents africain et australien.

III. – La variole en Afrique et dans le Pacifique

Rappelons que la maladie était connue en Égypte et probablement dans les pays d'Afrique du Nord. L'expansion de l'Islam alla de pair avec l'extension de la variole sur le pourtour méditerranéen. La présence de la maladie en Afrique est difficile à évaluer faute de documents fiables, mais il est probable que la variole a pu se répandre sur la côte est de l'Afrique en relation avec le commerce avec les pays asiatiques, de même le commerce caravanier entre l'Éthiopie et les royaumes d'Afrique de l'Ouest s'est accompagné de l'introduction du virus dans le centre de l'Afrique. Il fallut attendre le début du XVIIe siècle pour que des épidémies soient décrites par les colons européens en Afrique subsaharienne. La traite des Noirs constitua un moyen efficace de transmission de la maladie. L'absence d'information sur cette maladie est d'abord à rechercher dans la lente pénétration des Européens à l'intérieur des terres. Pendant près de trois siècles, les colons établirent des comptoirs sur la côte où ils exerçaient leurs fructueux commerces triangulaires entre l'Europe, l'Amérique et l'Afrique. Ce n'est qu'au cours de la seconde moitié du XIXe siècle que les Européens pénétrèrent dans cette *terra incognita* que représentait l'intérieur du continent africain. Les explorateurs rapportèrent alors le rôle dévastateur que représenta la variole dans les villages établis le long des pistes d'échange commercial. Il semblerait que l'effondrement démographique dont fut victime l'Afrique centrale aux XVIIe et XVIIIe siècles soit la conséquence des épidémies de variole. Les épidémies sur les côtes africaines sont mieux connues. Elles résultent de l'introduction du virus lors de l'arrivée des Européens, comme l'atteste l'apparition d'épidémies en Angola dès l'établissement de comptoirs, par les Portugais, en 1484. En Afrique du Sud la maladie fut introduite en 1713 par des bateaux en provenance d'Inde. Bien que les densités de population soient faibles, en particulier à l'intérieur du continent, pour permettre l'établissement du virus à l'état endémique, les épidémies étaient entretenues par leur introduction régulière, par différentes sources, en étroite relation avec les activités commerciales d'Europe et d'Asie, et avec la traite des Noirs réalisée par les Européens et les États islamiques.

On a souvent comparé la conquête par les colons européens de l'Australie et des îles du Pacifique, en termes d'anéantissement des populations autochtones par les maladies, à l'arrivée des conquistadors dans le Nouveau Monde. S'il ne fait aucun doute que les maladies infectieuses participèrent à l'évolution négative de la démographie des populations aborigènes et maories, leur rôle aura été toutefois limité. La conquête du Pacifique Sud a débuté tardivement, avec les voyages de James Cook (1768-1771) à une époque où la variolisation était très répandue limitant ainsi le risque d'introduction de la variole. En outre, les très faibles densités de populations, associées à leur insularité, ne permettaient pas au virus de s'établir selon un mode endémique. Les épidémies occasionnelles résultaient de l'introduction accidentelle du virus par les transports maritimes. Si bien que la variole eut un effet moindre. Par contre la rougeole, en l'absence de vaccin, fut à l'origine de dramatiques épidémies qui décimèrent les populations indigènes d'Australie et des îles du Pacifique Sud.

IV. – **La variole en Asie**

Au début du XVIe siècle, l'Inde comptait près de 100 millions d'habitants, concentrés pour une part importante dans la vallée du Gange, foyer historique endémique de la variole. Les premiers explorateurs portugais ont décrit d'importantes épidémies de variole dès leur arrivée. Tout comme en Europe, la variole était en Asie une maladie de l'enfance. De même en Chine, la maladie sévissait sous forme d'épidémies dans les zones à forte densité de population. Les envahisseurs mongols au XVIIe siècle prenaient la précaution de n'envoyer à Pékin que des sujets ayant été infectés par la variole. Dans ces deux pays, la variolisation, pratique ancienne qui consistait à inoculer du pus ou une poudre préparée à partir d'un broyat de croûte d'un sujet infecté, était couramment pratiquée. Cet usage participait tout autant à la prévention de la variole qu'à sa dissémination. Par contre, la variolisation ne sera introduite que tardivement au Japon qui a connu pourtant de nombreuses épidémies notamment dans l'île d'Hokkaido. Au XVIIIe siècle, des données statistiques dans les grandes villes permettent d'apprécier l'effet dévastateur de la variole chez les enfants japonais : le virus pouvait emporter, au cours de certaines épidémies, jusqu'à 50 % des enfants de moins de 5 ans.

V. – La variole à l'époque de la vaccination

L'introduction de la vaccination jennérienne au début du XIXe siècle eut des effets importants sur l'évolution de la maladie. L'acceptation de la vaccine ne fut pas immédiate. Le clergé, reprochait l'utilisation d'un produit d'origine animale et une partie du corps médical s'opposait farouchement à la vaccination. Il ne faisait aucun doute que la tolérance de cette pratique était nettement supérieure à la variolisation encore couramment utilisée. Le principal inconvénient de la vaccine aura été la transmission de maladies infectieuses et notamment de la syphilis lors des inoculations de bras à bras. La durée de l'efficacité de la vaccination a fait l'objet d'un long débat. Jenner considérait qu'une seule inoculation de cowpox assurait une immunité à vie. Pourtant les preuves se sont accumulées pour établir que l'immunité contre la variole n'était pas définitive. L'intérêt de la revaccination devint évident lors de la guerre franco-prussienne en 1870. Les soldats allemands étaient régulièrement revaccinés tous les sept ans, tel n'était pas le cas des Français. Lors de la guerre qui opposa les deux puissances, sur un total de 800 000 Allemands, 8 463 furent contaminés par le virus de la variole, dont 459 décès (taux de mortalité 5,4 %). Du côté français, sur un contingent d'environ un million de soldats, 125 000 cas de variole furent rapportés dont 23 470 décès (18,7 % de mortalité). Il y eut plus de morts dus à la variole du côté français que de soldats allemands tués au combat. Cette coûteuse expérience eut pour conséquence de favoriser la revaccination dans de nombreux pays.

La vaccination n'empêcha pas la survenue d'épidémies en Europe, mais elle en limita l'ampleur. Dès 1800, on observa une diminution des épidémies qui s'accompagna d'un relâchement dans les campagnes de la vaccination. Si bien que la maladie, au lieu d'être exclusivement pédiatrique, pouvait toucher également les jeunes adultes. Les épidémies les plus importantes à cette époque ont eu lieu en Russie (où l'on dénombre près de 8 millions de cas entre 1804 et 1810). Deux importantes pandémies vont déferler en Europe (1824-1829 et 1837-1840). Le conflit franco-prussien de 1870 a été à l'origine d'une importante épidémie qui a entraîné la mort de plus d'un demimillion d'Européens.

Des progrès significatifs sur la qualité du vaccin furent observés à la fin du XIXe siècle, grâce à la préparation du vaccin sur bovin ou encore à l'utilisation de la glycérine comme stabilisateur. L'amélioration de la qualité du vaccin eut un effet bénéfique sur l'acceptation de cette pratique. Au début du XXe siècle, la Russie, les pays d'Europe du Sud représentaient les principaux foyers de variole alors que les pays nordiques affichaient un taux extrêmement faible d'infection en rapport avec la qualité de leur programme de vaccination. Progressivement la variole a disparu d'Europe ; la dernière épidémie en Angleterre est rapportée en 1902 et en France en 1909. La guerre de 1914-1918 favorisa la réémergence de la variole dans les pays de l'Est et notamment en Union soviétique qui devait se débarrasser de la maladie en 1936. Par la suite, on devait relever essentiellement des cas importés de variole depuis l'Asie et l'Afrique : entre 1950 et 1974, la maladie sera introduite en Europe à 14 occasions, dont l'épidémie de Yougoslavie en 1973 qui fit 174 cas dont 35 décès suite au retour d'un pèlerin de La Mecque. Le dernier cas historique de variole sera rapporté à Birmingham en 1978 à la suite d'une contamination dans un laboratoire de virologie (voir chap. VI).

En Afrique, le XIXe siècle fut caractérisé par la pénétration de la variole au cœur des régions centrales qui ne furent explorées que tardivement. À la traite des esclaves comme vecteur de la maladie succédèrent des activités commerciales en relation avec l'établissement des empires coloniaux. La vaccination fut limitée aux pays d'Afrique du Nord et du Sud, le reste du continent ne bénéficiera de la vaccination jennérienne qu'au début du XXe siècle. Parmi les raisons de ce retard dans l'arrivée de la vaccination en Afrique subsaharienne, citons la difficulté d'acheminer le vaccin depuis l'Europe, le cowpox n'existant pas naturellement dans ces régions au climat chaud et humide. La vaccination s'implanta dans les grandes villes africaines au début du XXe siècle, tandis que, en milieu rural, la variolisation se maintint pendant de nombreuses années. En outre, la protection contre la maladie sera favorisée avec l'émergence de l'alastrim[1] qui prit naissance en Afrique du Sud et se diffusa sur tout le continent. Cette forme atténuée constitua un rempart partiel face aux grandes épidémies.

Sous l'effet conjugué des campagnes de vaccinations et de l'abolition de l'esclavage, principale source d'introduction du virus, le continent américain put progressivement contenir la variole. Tout comme en Afrique l'émergence de l'alastrim limita la mortalité due à la variole. La dernière grande épidémie se produisit au Pérou entre 1941 et 1943 où elle fit plus de 10 000 victimes avant de s'étendre jusqu'en Amérique centrale. L'organisation panaméricaine de la santé (PAHO) lança un programme d'éradication de la va-

1. Voir chap II, titre VI.

riole dès 1950 ; il sera relayé par celui de l'OMS en 1958.

Quant au continent asiatique il demeura un important foyer de circulation du virus de la vaccine jusqu'à son éradication. La vaccination jennérienne avait été introduite en Inde dès 1802, le maintien du virus était à cette époque réalisé par passage de bras à bras. L'origine bovine de la pulpe vaccinale avait une connotation négative en Inde ainsi que dans les pays limitrophes. D'importantes épidémies ravagèrent l'ensemble du sous-continent entre 1868 et 1865, faisant 2 millions et demi de morts et un nombre impressionnant d'individus défigurés ou devenus aveugles. Après 1885, l'intensification des campagnes de vaccinations améliora la situation mais l'Asie du Sud-Est demeura très affectée par les épidémies et particulièrement l'Indochine. Dans ces pays et notamment au Cambodge la pratique ancestrale de la variolisation persista très longtemps. En Chine l'adoption de la vaccination fut très tardive, l'opposition de la médecine traditionnelle étant très forte vis-à-vis de cette pratique nouvelle apportée par des étrangers. Ce n'est qu'à la fin du XIXe siècle que la vaccination va s'implanter dans les grands centres urbains. Au Japon, il fallut attendre les années 1860, pour que la vaccination supplante la variolisation. Dès l'implantation des Européens en Australie et la création de Sydney en 1788, des épidémies de variole et de rougeole vont se succéder parmi les populations aborigènes. Certaines épidémies affecteront également les Européens, notamment au cours d'une importante épidémie en 1881. La conquête tardive des îles du Pacifique Sud à une époque où la connaissance de la maladie et sa prévention étaient bien connues limita les épidémies suite à l'introduction du virus à quelques cas.

À l'aube du XXe siècle la variole demeure donc endémique en Chine, au Tibet et aux Philippines alors que la maladie a disparu d'Australie et des îles du Pacifique Sud. En Inde, les épidémies se succédèrent à intervalles réguliers jusqu'en 1975. Cette situation résultait d'une couverture vaccinale des enfants très insuffisante (62 % en 1941). La Seconde Guerre mondiale favorisa l'émergence d'épidémies très meurtrières de variole notamment en Thaïlande. Ce n'est qu'à partir des années 1970 que les campagnes de vaccination allaient porter leurs fruits : dans le cadre du projet OMS d'éradication de la variole, la « campagne d'automne » mobilisait des milliers de volontaires et allait permettre la disparition de la maladie entre 1974 et 1975 en Inde, au Pakistan et au Bangladesh.

VI. – L'émergence de *variola minor* ou alastrim

À la fin du XIXe siècle, quasi simultanément aux États-Unis et en Afrique du Sud, est apparue une forme atténuée de la variole, résultat de l'évolution moléculaire du virus. La relation entre ces deux épidémies d'une forme atténuée de variole n'est pas expliquée. L'analyse récente de différentes souches de virus *variola minor* provenant d'Afrique ou du Brésil évoque l'émergence indépendante d'un virus de la variole modifié. Car il s'agit bien d'une évolution du virus par une série de mutations, délétions et insertions de gènes qui a donné naissance à un virus responsable d'une maladie, dont l'évolution clinique est similaire à la variole, mais dont le taux de mortalité est très faible (1 %).

Aux États-Unis, l'alastrim se répandit rapidement au travers du pays puis au Canada. Depuis ce foyer le virus fut ensuite introduit en Grande-Bretagne dès 1902 et Amérique du Sud. Plus tardivement l'alastrim gagna à partir de la côte ouest des États-Unis, l'Australie, la Nouvelle-Zélande (1913) et les Philippines (1920). Dans certains pays, l'alastrim supplanta définitivement la variole. En Afrique, les deux formes de la maladie, *« major* et *minor »,* persistèrent jusqu'à l'éradication définitive du virus. La coexistence des deux virus au cours des années 1920-1958 est variable selon les pays ; elle résulte de leurs propriétés biologiques respectives et de l'état immunitaire et sanitaire des populations. Dans les pays dont la couverture immunitaire était très élevée seul le virus de la variole, qui se transmettait de façon plus efficace que celui de l'alastrim, aura été à l'origine d'épidémies. Par contre, dans les pays à faible couverture immunitaire, l'absence d'isolement des malades atteints d'alastrim favorisait la circulation de ce virus.

On ne connaît pas les raisons de l'apparition du virus responsable de la maladie atténuée, *variola minor,* mais il est intéressant de noter qu'il aura fallu plusieurs dizaines de siècles pour qu'apparaisse un virus mutant dont le pouvoir pathogène pour l'homme soit atténué.

Chapitre III

LE VIRUS

I. – Position taxonomique

Le virus de la variole appartient à la famille des *Poxviridae,* genre orthopoxvirus, qui comporte plusieurs espèces associées soit à l'homme, soit aux animaux.

Les principaux virus du genre orthopoxvirus

Virus	*Espèces naturellement infectées*	*Distribution géographique*
Variole	Homme	Mondiale (avant son éradication)
Vaccine	Variées	Mondiale
Cowpox	Variées	Europe
Monkeypox	Singes, écureuils, homme	Afrique centrale et de l'Ouest
Camelpox	Chameaux	Afrique et Asie

1. **La variole.** – L'agent responsable de la variole est strictement inféodé à l'homme : il n'existe pas de réservoir animal. Ce virus a toutefois été transmis expérimentalement aux singes chez qui il occasionne

des éruptions plus ou moins confluentes. Il se multiplie sur la cornée des lapins. Cela permet de différencier rapidement le virus de la variole de celui de la varicelle.

La propagation du virus de la variole par transmission interhumaine est à l'origine de dramatiques épidémies. Toutefois la contagiosité de ce virus est moindre que celle des virus de la rougeole ou de la varicelle. La transmission de la variole s'effectue principalement en milieu familial, l'apparition d'épidémie dans les collectivités telles que les écoles est un phénomène très rare. Cette circulation limitée du virus est étroitement liée à la phase de contagiosité qui se produit au moment de l'apparition des premiers symptômes, c'est-à-dire au moment où le malade est alité. Les cas secondaires sont alors transmis par contact direct dans la cellule familiale ou en milieu hospitalier.

2. **Le cowpox.** – Ce virus était connu bien avant son utilisation par Jenner comme moyen de vaccination contre la variole. Le cowpox est associé à des ulcérations au niveau des pis chez les vaches et éventuellement transmis chez les trayeurs. L'infection cutanée qu'il occasionne chez l'homme est connue depuis longtemps, en France, sous la dénomination de « picote ». Cette maladie animale est exceptionnelle, même à l'époque de Jenner. Ce virus peut être rencontré occasionnellement chez différentes espèces animales, dans les zoos ou encore chez les rongeurs sauvages. Il s'agit donc d'un poxvirus très ubiquitaire, qui doit clairement être différencié de la vaccine.

3. **La vaccine.** – La provenance de ce virus reste inconnue. Il existe de nombreuses souches de vaccine, ce qui complique l'établissement d'une phylogénie (établissement de ces relations ancestrales avec les autres poxvirus). Plusieurs hypothèses ont été avancées pour expliquer son origine : ce virus pourrait dériver du virus de la variole, toutefois les essais expérimentaux de transformation du virus de la variole en vaccine n'ont jamais abouti. Il a été émis l'hypothèse que la vaccine serait en fait un virus recombinant entre le cowpox et la variole. En effet, au début de la vaccination jennérienne, au moyen du cowpox, des sujets naturellement infectés par le virus de la variole ont pu être vaccinés et cette coïnfection aurait pu générer un troisième virus. Enfin ce virus pourrait provenir d'un poxvirus animal inconnu de nos jours. Au cours des campagnes de vaccination le virus de la vaccine a pu être transmis de l'homme à de nombreux animaux domestiques (bœufs, lapins, buffles). La vaccine est devenue importante pour les études virologiques parce qu'elle est notamment utilisée comme vecteur de gènes (voir chap. VIII).

4. **Le monkeypox.** – Ce virus a été découvert en 1970. Il est l'agent responsable de la variole du singe. Dans son foyer d'origine, en Afrique centrale, ce virus est la source d'une infection humaine relativement rare dont le tableau clinique se rapproche de celui de la variole. Sa découverte résulte d'une surveillance accrue des fièvres éruptives mise en place par l'OMS après l'éradication de la variole Le réser-

voir du virus semble être un écureuil *(Funisciurus* et *Heliosciurus spp)*. Entre 1981 et 1988, un total de 338 cas de monkeypox ont ainsi été rapportés en République démocratique du Congo. Le taux de mortalité était de 9,8 % chez les sujets non vaccinés. Le virus de la vaccine protège habituellement contre une infection due au monkeypox. La transmission interhumaine est exceptionnelle. Toutefois, en 1996, toujours en République démocratique du Congo, une épidémie s'est produite au cours de laquelle 71 cas de monkeypox, dont six décès, ont été rapportés dans la région du Kasaï occidental. À partir d'un cas initial la maladie s'est répandue dans plusieurs villages chez des sujets jeunes qui n'avaient pas été vaccinés contre la variole. À l'occasion de cette épidémie, il a été évoqué que le monkeypox pourrait se substituer au virus de la variole le jour où l'immunité de groupe serait insuffisante pour contenir son amplification. Toutefois, la surveillance accrue de cette zoonose ne permet pas de conclure à un potentiel épidémique de ce virus qui semble rester confiné aux forêts tropicales africaines et dont la contagiosité est extrêmement faible.

Le virus du monkeypox vient de faire une apparition surprise aux États-Unis. Plusieurs cas d'une infection fébrile associée à un exanthème, d'évolution bénigne, ont été rapportés dans différents États (Illinois, Indiana, Wisconsin, Kansas, Missouri et Ohio) en 2003. À la date du 18 juin, 87 cas ont ainsi été décrits dans ce pays. Tous les malades avaient été en contact avec des animaux et notamment des chiens de prairie. Il n'y a pas eu de transmission interhumaine. L'enquête épidémiologique révéla que le virus avait été importé d'Afrique par des rongeurs et notamment des rats de Gambie *(Cricetomys sp)*, provenant du Ghana, qui peuvent être infectés par le virus du monkeypox. Ces animaux exotiques, peu sensibles au virus du monkeypox, ont contaminé des chiens chez un importateur d'animaux en Illinois. Cet épisode montre la facilité avec laquelle des agents infectieux exotiques peuvent être introduits dans les pays de l'hémisphère Nord malgré le strict respect des règles d'importation des animaux.

Notons que différents poxvirus ont été isolés en Afrique à partir de rongeurs (virus Salanga, Oubangui, Fadiga). Les relations entre ces poxvirus de rongeurs et le monkeypox sont à l'heure actuelle inconnues, de même que demeure totalement inconnu le pouvoir pathogène des virus tropicaux, découvert de façon fortuite, au cours de l'établissement d'un inventaire des virus présents chez les rongeurs, qui avait été réalisé dans les années 1980.

5. **Le camelpox.** – Virus strictement inféodé aux chameaux et aux dromadaires. Il provoque des éruptions généralisées. Les jeunes animaux sont très sensibles à ce virus. Parfois responsable d'infections d'évolution fatale, il peut entraîner des pertes économiques importantes. Le camelpox est enzootique en Somalie, et dans la plupart des pays d'élevage des chameaux (Indes, Égypte, pays d'Asie centrale). Bien qu'à plusieurs reprises des infections cutanées aient été rap-

portées chez les chameliers, la maladie n'est pas contagieuse pour l'homme et l'éruption cutanée reste limitée localement au point de contact avec l'agent infectieux. La surveillance accrue, après l'éradication de la variole dans le monde, a permis de conclure que cette affection cutanée est extrêmement rare et ne peut en aucun cas constituer une source de réémergence d'une maladie éruptive comparable à la variole.

Les relations entre ces différents poxvirus ont fait l'objet de longues spéculations. Ces dernières années, l'analyse de la séquence génétique de ces virus a révélé l'extrême complexité de leur génome qui comporte entre 186 000 et 220 000 paires de base. Le virus le plus proche de celui de la variole apparaît être le camelpox. Ces deux virus pourraient avoir évolué l'un par rapport à l'autre ou bien à partir d'un virus ancestral disparu de nos jours qui pourrait être un poxvirus de rongeurs. Ces mêmes approches génétiques permettent de conclure que le monkeypox ne dérive pas de la variole, mais constitue bien une identité à part. Quant au virus de la vaccine, il pourrait provenir d'un virus ancestral du cowpox. Enfin la comparaison des séquences de la souche responsable de la variole « majeure » avec celle responsable de l'alastrim révèle une multitude de mutations, de substitution et d'insertion qui modifient de façon importante la composition en acides aminés. Ces études comparatives entre les deux virus démontrent que la souche responsable de l'alastrim n'est pas un virus nouveau, mais dérive (par un procédé inconnu) de la souche de variole majeure.

La création d'un groupe de virus *(poxvirus)* est apparue progressivement en fonction des techniques virologiques. La variole a été classée dans le groupe des maladies induisant des lésions cutanées à l'instar de la varicelle *(chickenpox)* ou de la syphilis *(the great-pox)*. L'examen anatomo-pathologique des tissus a permis de déceler des inclusions intracytoplasmiques caractéristiques dénommées « corps de Guarneiri », et longtemps considérées comme des protozoaires. Ces structures furent observées dans différentes infections et constituèrent le support de la classification des poxvirus dont le genre fut établi en 1957 lors du VIe Congrès international de virologie.

L'enveloppe du virion joue un rôle important dans l'infectiosité du virus et dans l'immunogénicité. Par exemple l'inactivation chimique du virus de la vaccine pour donner naissance à un vaccin inactivé s'accompagne d'une altération de l'enveloppe et aboutit à un vaccin très peu immunogène. Ces virus de grande taille contiennent de nombreux polypeptides, dont leur rôle reste mal connu. Les relations antigéniques entre les orthopoxvirus permettent d'établir des réactions de groupes et d'autres spécifiques d'espèce virale. L'immunité de groupe est bien connue, elle constitue le support de la vaccination. Lors de sa fameuse expérience, Jenner avait montré que le jeune enfant James Phipps ayant reçu le cowpox était protégé contre une épreuve d'inoculation du virus de la variole. De même, il fut établi que le horsepox assurait une protection identique. Cette protection croisée est une caractéristique des orthopoxvirus, qui peut être étudiée *in vitro* en recherchant des anticorps neutralisants qui inhibent la réplication de ce groupe de virus.

Au sein de la famille des *poxviridae* un test simple permet d'individualiser le groupe des orthopoxvirus. Il s'agit de la détection d'une protéine de surface appelée hémagglutinine. En effet, seuls les orthopoxvirus sont capables d'hémagglutiner des globules rouges de poule.

La différenciation des quatre principaux poxvirus d'importances médicales (variole, vaccine, cowpox et monkeypox) a été établie à partir de l'origine du prélèvement (humain ou animal) et de critères de cultures virales. L'inoculation de ces virus sur la membrane chorio-allantoïque d'œuf embryonné, technique mise au point par Goopasture dès 1932, permet d'orienter le diagnostic différentiel de ces poxvirus : le virus de la variole produit de petites taches *(pocks)* de couleur blanchâtre alors que le virus de la vaccine induit des *pocks* blancs légèrement hémorragiques. De même les virus peuvent être différenciés par les lésions cutanées induites par inoculation intradermique ou par scarification sur la peau de lapin. À l'exception du virus de la variole qui induit un léger érythème local, les autres virus produisent une induration souvent hémorragique.

Des méthodes modernes de diagnostic par le test de PCR ont récemment été développées, elles permettent en quelques heures un diagnostic différentiel des orthopoxvirus (cf. chap. IV-III).

II. – Propriétés biologiques

1. **Spécificité d'hôtes.** – La spécificité d'hôte du virus de la variole est une propriété importante sur le plan épidémiologique. Les singes *(cynomolgus)* sont susceptibles à l'injection après inoculation expérimentale par voie intradermique. Toutefois ils présentent une infection relativement bénigne par rapport à la maladie humaine. Après une incubation de six jours, ces animaux développent une éruption cutanée généralisée particulièrement marquée au visage, sur les mains et sur les membres inférieurs. Il est également possible de les infecter par aérosols ; alors la mortalité est très faible (2 %). La cortisone augmente fortement la susceptibilité des singes à une infection expérimentale. Récemment l'équipe des Centers for Disease Control à Atlanta (États-Unis) a montré qu'en utilisant de fortes doses de virus de la variole (10^9 particules infectieuses par millilitre) et en associant une contamination par voie intraveineuse et par voie aérienne, il était possible d'induire chez les macaques cynomolgus, de façon reproductible, une infection mortelle proche de l'infection humaine. Quant à l'infection des singes dans la nature, elle a été rapportée à plusieurs reprises lorsque la variole humaine sévissait sous forme épidémique. C'est ainsi qu'une épizootie due au virus de la variole a été décrite, en 1922, chez des singes dans la forêt amazonienne au Brésil et, en 1936, en Inde. Toutefois ces épizooties, ainsi que quelques autres observées dans les pays tropicaux, ou dans les zoos, n'apportent pas la preuve que les singes

constituent un réservoir du virus. Elles doivent plutôt être regardées comme le résultat de contact de ces animaux avec des individus infectés. Il ne fait aucun doute que plusieurs espèces de singes sauvages ont pu être infectées par le virus de la variole et qu'une transmission entre singes a été observée. Ce type de transmission sous forme de cas isolé semble avoir été commun, mais un élément essentiel demeure : depuis l'éradication de la maladie humaine aucune épizootie due au virus de la variole n'a été observée chez les singes, ce qui tendrait à prouver que les infections simiennes étaient dans le passé le résultat d'une transmission d'origine humaine. Enfin, on doit remarquer que les densités de populations de singes sont trop faibles pour maintenir une circulation de ce virus.

Toutes les données épidémiologiques convergent pour considérer qu'il n'existe pas de réservoir animal du virus de la variole. Seul l'homme peut être infecté et transmettre ce virus. Cette spécificité d'hôte aura été une donnée déterminante dans le succès de l'éradication de la variole dans le monde.

2. **Résistance physico-chimique des poxvirus.** – Les virus enveloppés sont généralement très sensibles aux conditions naturelles de l'environnement (température, ultraviolet, etc.). Si on expose le virus de la rage dans un milieu de culture à la température ambiante, on constate, après disséquation de la suspension virale, une totale inactivation du virus rabique en soixante-douze heures. Par contre les poxvirus sont plus stables. Ainsi, le virus de la variole présent dans

des croûtes, prélevées chez un malade, maintient son infectivité pendant plusieurs années à la température ambiante. Cette remarquable propriété a été largement utilisée pour faciliter l'acheminent des prélèvements suspects dans les laboratoires de diagnostic depuis les zones épidémiques. Dans les zones tropicales associant une température élevée (35 °C) et une humidité importante (> 60 %), la stabilité du virus de la variole est moindre, son infectivité disparaît en quelques semaines. Cette relative instabilité du virus de la variole en zone tropicale a été déterminante pour affirmer la disparition définitive du virus après que le dernier cas de variole eut été rapporté en Afrique.

L'apparition de cas de variole chez des sujets amenés à manipuler le linge provenant de malades est bien documentée dans l'histoire de la maladie. Il semblerait que le virus soit très stable dans ces conditions. La décontamination, notamment en milieu hospitalier, nécessite alors le traitement à des températures élevées (autoclave) ou l'ajout d'eau de Javel lors du nettoyage du linge contaminé. Les produits de décontamination usuels (eau de Javel et ammonium quaternaire) pour le traitement des surfaces s'avèrent efficaces.

Le vaccin sous sa forme lyophilisée s'est avéré très stable favorisant ainsi les campagnes de vaccination. La stabilité des poxvirus et en particulier de la vaccine a été établie dans les aérosols qui constituent une source importante de transmission de la maladie : le virus de la vaccine est totalement inactivé dans des conditions de chaleur (31 °C) et humidité élevées (> 80 %). Par contre, en période froide (10 °C) et avec une humidité relative de 20 %, le virus peut survivre en partie pendant vingt-quatre heures dans les aérosols. Cette relative stabilité du virus à basse température pourrait expliquer la survenue préférentielle des épidémies pendant les saisons froides et sèches. Cette saisonnalité s'explique aussi par d'autres facteurs comme les facteurs sociaux ou la sensibilité des hôtes.

3. **Morphologie et réplication des poxvirus.** – Les conditions de sécurité pour sa manipulation liées aux particularités biologiques du virus de la variole font que ce virus a été peu étudié avec les méthodes modernes de biologie moléculaire. Par contre le virus de la vaccine a fait l'objet d'intenses recherches et constitue le virus de référence de ce groupe. Les poxvirus possèdent un génome à ADN, ils ont une forme de pavé rectangulaire. Leur taille (250 à 370 nm) les place parmi les virus les plus volumineux. Ils possèdent une membrane munie de spicules. L'acide nucléique est renfermé dans une capside ayant la forme d'une altère. L'examen en microscopie électronique révèle la présence de deux corps latéraux situés entre la membrane et la nucléocapside. Les virus pénètrent dans la cellule, après adsorption sur la membrane cellulaire, soit par fusion avec celle-ci, soit par pinocytose. Très rapidement la membrane du virus et les corps latéraux disparaissent ; c'est sous forme de nucléoïdes que le virion se retrouve dans le cytoplasme de la cellule hôte. L'ADN viral est alors libéré de la capside grâce à une protéine, la décapsidase, qui est produite par le virion. Cette décapsidation spécifique induite par le

virion, qui aboutit à la libération de son acide nucléique, est une particularité des poxvirus. Pour la plupart des autres virus c'est la cellule qui provoque la libération du virion hors de sa capside. Ce groupe de virus a également la particularité de posséder l'ensemble des enzymes nécessaires à sa réplication. Les étapes suivantes comportent une inhibition des synthèses cellulaire, la transcription des ARN messagers précoces, qui aboutit à la production de différentes protéines impliquées dans la stimulation cellulaire, la défense contre la réponse immunitaire de l'hôte infecté, la réplication du génome et enfin la transcription des ARNm tardifs. Les produits de la traduction des ARNm tardifs aboutissent à la synthèse de 20 à 30 protéines structurales du virion et à diverses enzymes qui se trouveront dans les virions nouvellement synthétisés. L'assemblage de nouveau virion s'effectue dans le cytoplasme cellulaire. La membrane d'origine virale portant de fins spicules en surface adopte une forme circulaire. La nucléocapside pénètre dans cette membrane juste avant sa totale circularisation, ainsi se forme un virion immature. L'obtention du virion final nécessite d'autres étapes de synthèse protéiques. Puis le virus complet migre sur la périphérie de la cellule et la fusion avec la membrane plasmatique. Il en résulte son externalisation partielle tandis qu'une partie du virus reste associée à la membrane cellulaire. Le virion sera libéré lorsque la cellule dégénère, il pourra alors infecter d'autres cellules. Expérimentalement, lorsqu'un poxvirus est inoculé à des cellules permissives, il provoque d'importantes altérations de la nappe cellulaire. En fonction des cellules utilisées, on peut observer une nécrose cellulaire aboutissant à un effet cytopathogène très marqué. L'examen en microscopie, après coloration histologique, révèle la présence d'inclusions de type B qui correspondent à l'accumulation de particules virales, décrites sous le terme d'inclusion de Guarnieri.

Chapitre IV

LA MALADIE

I. – La pathogenèse

La pénétration dans l'organisme du virus de la variole se fait par la voie respiratoire, par contact cutané et plus rarement par la conjonctive ou par transmission fœto-maternelle. Le virus est présent en quantité importante dans les voies aérodigestives supérieures dès le début de la maladie et atteint sa présence maximale juste après l'apparition de l'exanthème. Cette excrétion se poursuit jusqu'au 14e jour de la maladie. Au niveau des lésions cutanées, le virus est présent pendant quinze à seize jours après le début de l'éruption. Les données épidémiologiques confirment la grande contagiosité de cette maladie par la peau et les voies respiratoires. Le risque de transmission du virus est maximal au cours de la première semaine de l'éruption. La transmission du virus d'un sujet infecté à un sujet sain est généralement directe par les gouttelettes de salive, ou par contact avec des objets souillés. Les enquêtes épidémiologiques démontrent que la transmission du virus est particulièrement élevée au sein des familles. Outre les transmissions par contact direct, des particules infectieuses peuvent être véhiculées à de longues distances (croûtes infectées, vêtements contaminés).

Le virus, après avoir pénétré par le tractus respiratoire, va s'amplifier dans les membranes des muqueuses et atteindre rapidement les nodules lymphatiques locaux. Après une courte virémie (passage du virus dans le sang), on observe une période de latence de quatre à quatorze jours, au cours de laquelle le virus se multiplie dans le système réticulo-endothélial. La phase prodromique débute alors, le virus est présent dans la muqueuse buccale, il envahit l'épithélium des capillaires entraînant l'apparition des lésions cutanées. À ce stade encore précoce de la maladie, le virus est excrété en grande quantité par voie oropharyngée ou cutanée. Les différents organes (rate, foie, rein) contiennent d'importantes quantités de virus traduisant les propriétés pantropiques du virus de la variole. La migration du virus par les macrophages au niveau des nodules lymphatiques va s'accompagner d'une réponse d'immunité cellulaire qui limite la diffusion de l'infection. Les anticorps neutralisants apparaissent au cours de la première semaine de la maladie, les anticorps inhibant l'hémagglutination sont détectables vers le 16e jour après l'infection et ceux fixant le complément vers le 18e jour. Les anticorps neutralisants persistent plusieurs années alors que le taux des autres anticorps diminue rapidement.

II. – La clinique

L'incubation dans la variole est de sept à dix-sept jours, la phase clinique débute brutalement avec des céphalées, des douleurs dorsales et de la fièvre. L'éruption cutanée est précédée par un exanthème sur la langue, la bouche et l'oropharynx. Le premier jour apparaissent des macules, puis des papules de 2 à 3 mm de diamètres qui persistent un à deux jours avant de se transformer en vésicules d'un diamètre de 2 à 5 mm. Celles-ci enchâssées dans le derme, de consistance dure, contiennent une sérosité claire. Vers les 4-7e jour après le début de l'éruption des pustules de 4-6 mm apparaissent et persistent cinq à huit jours, avant de se transformer en croûtes qui peuvent se détacher vers la deuxième semaine de la phase éruptive laissant une cicatrice indélébile. Pendant cette période de nouvelles poussées de fièvre peuvent être rencontrées en particulier en cas de surinfection bactérienne. L'exanthème est très caractéristique, apparaissant d'abord sur le visage et progressant sur l'ensemble du corps. Une particularité dans l'éruption variolique : les lésions sont centrifuges et, à un niveau donné, elles sont au même stade d'évolution. Les lésions sont prédominantes aux extrémités (paumes et plantes). Les complications sont fréquentes, elles peuvent être liées à des surinfections ou aux propriétés du virus : kératite virale pouvant aboutir à la perte de la vue, complications hépatiques ou neurologiques. Selon les épidémies le taux de mortalité pouvait atteindre 15 à 30 %, probablement plus à certaines périodes de l'histoire de cette maladie. Lors des épidémies la mortalité était plus élevée en milieu hospitalier que dans la population en générale, et dans les villes plutôt qu'en milieu rural.

La mort est due à une toxémie, associée à la formation d'immun complexe et à l'hypotension.

Cette description correspond à la maladie classique désignée sous les termes de *variola major*. Au cours des épidémies, cette forme sévère représente 90 % des cas. Des formes plus atténuées sont rencontrées dans 2 % des sujets non vaccinés et dans 25 % chez les vaccinés. Dans ces cas, l'évolution de la maladie est généralement favorable, l'éruption est discrète, de durée beaucoup plus courte. À l'opposé, dans les varioles dites confluentes, l'état général est d'entrée aggravé, et la mortalité atteint alors plus de 90 %. Il en est de même pour les varioles associées à un syndrome hémorragique.

Dans sa forme particulière dite *variola minor* ou alastrim, la symptomatologie s'apparente à une variole atténuée, avec une mortalité très faible (1 %), et une contagiosité importante. Cette maladie particulière est spécifique du germe modifié, il ne s'agit en aucun cas de forme atténuée rencontrée dans la variole classique. Les épidémies de *variola minor* entretiennent des formes cliniques atténuées sans possibilité d'un retour à la forme *variola major*. L'alastrim est une maladie spécifique.

Le schéma ci-contre résume les différentes phases de l'infection et les manifestations cliniques, ainsi que la pathogenèse de l'infection et la réponse immunitaire au cours de la variole.

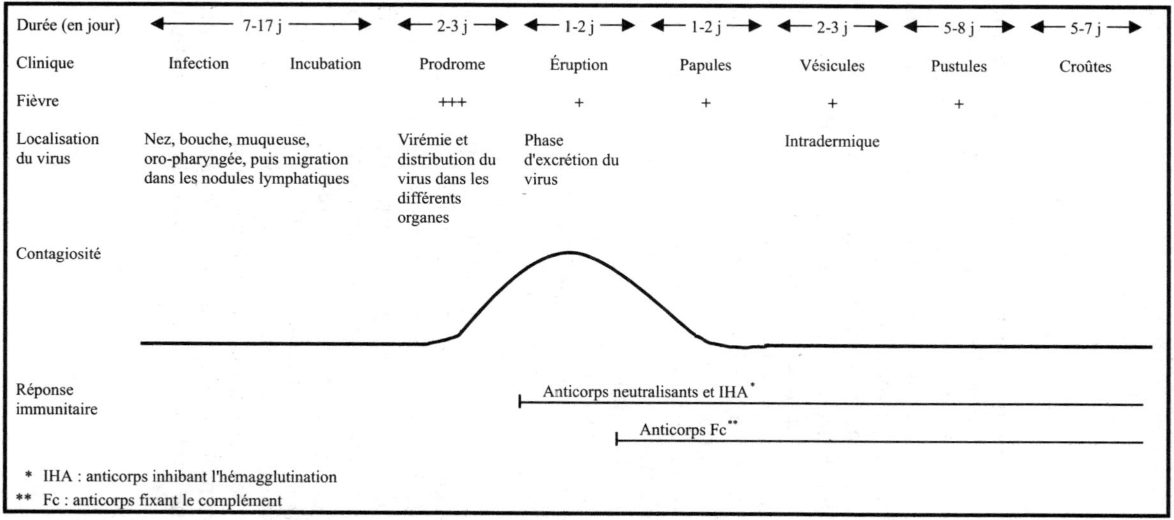

Évolution clinique de la variole

IV. – Le diagnostic

De nombreuses fièvres éruptives peuvent évoquer la variole (infections à entérovirus, rougeole, etc.). Les formes sévères de varicelle, en particulier chez l'adulte, peuvent induire un diagnostic de variole. Un examen rapide à partir du contenu d'un produit provenant de lésions cutanées (liquide vésiculaire, pustules, croûtes) peut permettre d'établir un diagnostic dans un centre spécialisé. La microscopie électronique constitue la technique la plus rapide pour orienter le diagnostic vers un poxvirus. La morphologie et la taille du virion, en particulier, éliminent toute confusion avec le virus de la varicelle (herpesvirus). L'examen immunohistochimique permet également d'identifier un poxvirus, mais l'identification finale entre les différents poxvirus humains (variole, vaccine, monkeypox) nécessite des tests complémentaires. En 1995, une technique PCR (Polymerase Chain Reaction) a été mise au point aux Centers for Disease Control (CDC). Cette technique très rapide (quelques heures) permet de porter un diagnostic de certitude, et même de préciser la nature de la souche de variole : *variola major* ou alastrim. L'isolement du virus pourra être réalisé par inoculation sur la membrane chorio-allantoïque d'œuf embryonné de onze jours. En réalisant des dilutions de l'échantillon à tester, il est possible de déterminer à la lecture l'aspect des *pocks* qui orienteront rapidement le diagnostic différentiel parmi les poxvirus. Cette méthode de référence a longtemps été utilisée comme première orientation dans le diagnostic de la variole. Enfin, le virus peut être cultivé sur différentes lignées cellulaires (vero) ou sur des cellules primaires d'embryons de poulet. L'identification peut alors être réalisée par immunofluorescence.

Les techniques permettant de diagnostiquer le virus de la variole ont fait leurs preuves, mais la difficulté demeure de trouver un laboratoire capable de manipuler ce virus et possédant les réactifs adéquats. De nos jours, seulement deux laboratoires au monde sont autorisés à manipuler le virus de la variole : les Centers for Disease Control à Atlanta et le laboratoire russe Vector près de Novossibirsk. Ces deux laboratoires possèdent des structures à haute sécurité, dénommées « niveau de protection 4 » (P4) et continuent de manipuler le virus de la variole dans le cadre d'un programme de collaboration internationale. Des échantillons suspects peuvent être adressés à ces centres. Il existe en France un laboratoire P4, à Lyon, mais celui-ci n'est pas autorisé à manipuler le virus de la variole.

À l'heure actuelle, au niveau national, dans l'hypothèse d'une suspicion d'un cas de variole, il reste possible d'inactiver l'échantillon par simple chauffage ou à l'aide de produit chimique (formol) et de l'adresser à un laboratoire de microscopie électronique tel que l'Institut Pasteur de Paris. Enfin, si la maladie réapparaissait, une collaboration avec les CDC devrait permettre à des centres nationaux d'acquérir la technologie PCR pour établir un diagnostic de certitude sur échantillon inactivé.

Un cas récent suspect de variole, à l'hôpital de Cleveland aux États-Unis, en 2002, est riche d'enseignement : un homme présente une éruption papulo-vésiculaire faisant suite à des symptômes généraux (fièvre, céphalée, nausée, vomissements). L'éruption débute au visage et progresse lentement sur l'ensemble du corps. À ce stade le diagnostic différentiel entre variole et varicelle est envisagé. Un échantillon est adressé au laboratoire de l'hôpital, le diagnostic par immunofluorescence pour le virus de la varicelle est négatif. Le CDC est alors alerté, des prélèvements sont envoyés au laboratoire ainsi que des photographies du malade. Dès réception, le CDC porte un diagnostic, par PCR, d'une infection due au virus de l'herpès simplex type 2. Il aura fallut vingt-cinq heures entre la préparation de l'échantillon à l'hôpital et le diagnostic final au CDC. Selon le clinicien qui aura réalisé le prélèvement, le plus difficile aura été de préparer l'échantillon biologique en accord avec le guide édité par le CDC. Dans ce guide, il est précisé que si le personnel infirmier en charge d'effectuer le prélèvement n'est pas vacciné celui-ci devra s'équiper d'un masque respiratoire à pression positive (qui est rarement disponible dans les hôpitaux). Le CDC considère qu'une personne est correctement vaccinée si la vaccination remonte à moins de trois ans (rappelons que la vaccination est arrêtée depuis 1980, ce qui suppose un programme récent de vaccination du personnel médical). La procédure prévoit d'effectuer plusieurs échantillons (pustule, liquide, sang). Les prélèvements sont conditionnés dans des emballages spéciaux et maintenus soit à + 4 °C, soit à la température ambiante pour les échantillons fixés par le formol. Le document du CDC, parfaitement détaillé, envisage différentes possibilités en fonction des données cliniques et notamment la réalisation d'une autopsie. Non seulement cette procédure nécessite un matériel approprié mais une certaine expérience dans la préparation et l'acheminement d'échantillons biologiques contenant des agents infectieux de classe 4.

Chapitre V

LA LUTTE CONTRE LA VARIOLE

I. – La variolisation et la vaccination

La lutte contre la variole est étroitement associée à la vaccination dite jennérienne. Le terme de « vaccination » est apparu au XVIIIe siècle. Il fut étendu par Louis Pasteur, grand admirateur de Jenner, à toutes les pratiques d'immunisation contre les maladies infectieuses qui se sont développées avec la révolution microbiologique à la fin du XIXe siècle. Incontestablement, la vaccination contre la variole constitue une des pages les plus glorieuses de la médecine. C'est également le triomphe de l'approche empirique dans le domaine vaccinal. Elle résulte d'une observation épidémiologique qui établissait l'existence d'une maladie d'origine animale pouvant assurer une protection contre la variole, une maladie humaine. Ce mode de vaccination dite hétérologue, c'est-à-dire faisant appel à un virus d'origine animal pour lutter contre une maladie humaine, est demeuré unique à ce jour dans la longue histoire des vaccins viraux.

La vaccination jennérienne avait été précédée par une pratique ancienne, la variolisation : celle-ci consiste à induire une maladie bénigne à partir du virus de la variole. Le rationnel pour cette approche repose sur la diversité des états cliniques observés au cours des épidémies et sur l'existence de forme atténuée de la maladie, que souhaitaient ainsi reproduire les médecins. Ces observations anciennes supposent que la variole avait été, très tôt, assimilée au groupe des maladies contagieuses transmissibles à l'homme, et que la protection vis-à-vis d'une nouvelle atteinte avait été bien établie. Au XIe siècle, en Chine, les médecins préparaient une poudre obtenue à partir de croûtes prélevées sur des sujets atteints de variole, mélangées et broyées avec des plantes médicinales, qu'ils laissaient vieillir pendant au moins un mois à une température proche de celle du corps La préparation médicinale ainsi obtenue était alors insufflée dans la narine des sujets à vacciner. Le traitement physique ne modifiait pas le virus, la variolisation n'a jamais été réalisée avec un virus de la variole atténué. Les conditions de conservation de la préparation aboutissaient probablement à une destruction partielle des particules de virus de la variole sous l'effet de la température et des ultraviolets et donc à une diminution de la concentration virale. En outre, les particules virales ainsi dénaturées pouvaient favoriser les phénomènes d'interférence virale et limiter la multiplication du virus. Ces deux propriétés convergeaient pour administrer au final une faible quantité de virus vivant de la variole, qui pouvait expliquer les formes relativement bénignes de la maladie. La pratique en Inde reposait sur le même principe : le pus contenu dans une pustule d'un malade était prélevé et transféré par scarification au sujet à vacciner.

La variolisation fut introduite en Europe au XVIIIe siècle. Lady Wortley Montegu fit connaître cette pratique qu'elle avait découverte lors d'un séjour à Constantinople de 1716 à 1718. Elle-même, défigurée par la maladie, décida de faire varioliser son fils âgé de 6 ans. De retour en Angleterre, elle fut une ardente ambassadrice de cette pratique qui, progressivement, se répandit en Europe. En France il fallut attendre la mort de Louis XV, en 1774, atteint de variole, pour que cette pratique soit reconnue. Mais il ne fait aucun doute que la variolisation était une pratique médicale dangereuse. La mortalité atteignait en moyenne 2 %, chiffre qui restait inférieur à la mortalité due à la maladie (15 %). En outre, la variolisation entretenait les épidémies de variole.

L'histoire de la vaccination est entièrement rattachée au nom de Jenner. Né le 17 mai 1749, à Berkeley en Angleterre, Edward Jenner fit sa carrière de médecin de campagne dans cette ville du district de Gloucester. La légende veut qu'au cours de la consultation d'une jeune vachère qui présentait une éruption cutanée, et alors que Jenner évoquait un cas de variole, la jeune fille lui répondit : « Impossible j'ai déjà eu le cowpox. » La relation entre cette maladie animale, qui faisait suite à un contact avec une vache infectée, et l'éventuelle protection contre la variole semble ancienne et a ouvert un grand débat sur l'antériorité de la découverte de Jenner. Mais il ne fait aucun doute que c'est Jenner qui démontra la relation entre les deux maladies au cours de plusieurs années de recherche. L'expérience décisive fut réalisée le 14 mai 1796. Jenner préleva du pus provenant d'une pustule d'une fermière atteinte de cowpox, Sarah Nelmes, et l'inocula au jeune James Phipps, âgé de 8 ans. L'enfant présenta une lésion cutanée au point d'injection sans aucun signe clinique complémentaire. Deux mois plus tard, Jenner inocula le virus de la variole au jeune enfant qui fut ainsi protégé. Cette expérience d'inoculation d'un agent infectieux extrêmement dangereux serait de nos jours inconcevable. Mais à l'époque cette opération consistait tout simplement à réaliser une variolisation.

Par la suite, Jenner compléta ses premières observations par d'autres épreuves pour affirmer l'efficacité de sa méthode. Ses travaux furent présentés dans un document qu'il publia en 1798 : « An enquiry into the causes and effects of the variolae vaccinae, a disease discovered in some of the western countries of England particularly Gloucestershire, and know by the name of cowpox. » Il y décrivait la protection induite par le cowpox chez 20 personnes qui reçurent ultérieurement le virus de la variole.

Cette méthode, qui se différencie de la variolisation par la nature de la souche virale inoculée, va s'imposer progressivement. La pratique ancienne de la variolisation favorisa l'adoption de la vaccination. Jenner notait : « Le remplacement de la variolisation par le "poison" du cowpox représente un des progrès médicaux les plus importants. Il s'agit d'une pratique non seulement sans risque mais elle évite en outre la transmission de la variole. » Les rares effets secondaires et la non-transmissibilité de la variole constituaient un progrès décisif. Toutefois les critiques étaient nombreuses, et les satires fleurissaient dans les journaux de l'époque. Des caricatures représentaient les sujets vaccinés avec un visage d'animal portant des cornes. La position du corps médical était aussi divisée : certains médecins étaient opposés au concept même de maladie infectieuse et n'acceptaient donc pas la protection conférée par le cowpox.

Pourtant la vaccination se répandit dans l'ensemble du monde, et fut rendue obligatoire dans nombreux pays dès 1807. Elle valut à Jenner, en fin de carrière, les plus brillants éloges de ces contemporains dont cette citation prophétique du président Jefferson : « Les générations à venir apprendront par l'Histoire que la répugnante variole a existé et que c'est vous qui l'aurez éliminée. »

Jenner n'a pas découvert la vaccination. Des travaux précurseurs avaient établi la protection contre la variole à la suite de l'inoculation du cowpox. Mais incontestablement, il apporta par des expérimentations humaines la preuve de l'efficacité de la vaccination. Il établit pour la première fois qu'il était possible de protéger l'homme contre une redoutable infection sans induire une maladie naturelle. Enfin, son mérite aura été de réaliser des expériences scientifiques rigoureuses à partir de connaissances empiriques populaires répandues dans les campagnes anglaises ou françaises.

Cette pratique, qui aboutira à l'éradication de la variole deux siècles plus tard, avait néanmoins de nombreux inconvénients dont le plus important était la transmission d'agents infectieux. La première évidence de ce risque fut rapportée dès 1799 à Londres au Smallpox and Inoculation Hospital où le vaccin fut contaminé par le virus de la variole et provoqua de nombreux cas d'éruption généralisée. Par la suite, en raison de la difficulté à obtenir de la lymphe vaccinale chez les sujets atteints de cowpox, il fut développé une pratique de vaccination de bras à bras. Un sujet vacciné présentait une éruption locale à partir de laquelle du pus était prélevé puis administré à un autre sujet. Cette pratique fut à l'origine de nombreux cas de syphilis ou d'hépatite B. Il a été évoqué que l'origine de l'adaptation des virus SIV (Simian Immunodefficiency Virus), desquels résultent les VIH, responsables du sida, serait la conséquence des campagnes de vaccination contre la variole réalisée en Afrique de 1893 à 1912. Au cours de ces vaccinations qui se faisaient encore, à cette époque, de bras à bras, le virus SIV qui aurait pu contaminer quelques individus, notamment les chasseurs de singes, se serait adapté à une transmission interhumaine.

La difficulté d'approvisionnement en pulpe vaccinale était connue à l'époque de Jenner, en relation avec la rareté du cowpox chez les animaux. Il fut proposé d'utiliser une préparation similaire provenant du horsepox, c'est-à-dire d'une maladie qui touchait les chevaux et qui pouvait être transmise à l'homme. Cet approvisionnement en pulpe vaccinale, dont il avait été établi l'efficacité protectrice chez les enfants, demeurait insuffisant pour permettre une extension de la vaccination. Pour pallier cet inconvénient, un progrès décisif fut réalisé en Italie, lorsque Michele Troja (1805) et Genaro Galbiati (1810) utilisèrent la culture de l'agent infectieux par amplification suite à son inoculation aux veaux. Cette technique qui préfigurait l'industrie du vaccin resta toutefois limitée, pendant de nombreuses années, à l'Italie. En 1864, au cours du Congrès médical de Lyon, la pratique de vaccination de bras à bras fut violemment critiquée, en raison des nombreux cas de transmission de la syphilis. À cette occasion les participants au Congrès découvrirent la technique originale décrite par les experts italiens. C'est ainsi que, le 6 décembre 1864, une génisse inoculée à Naples arriva à la gare de Lyon-Perrache, d'autres suivirent et rapidement la vaccine fut produite sur animaux dans les différents pays européens.

II. – La vaccine et l'évolution des techniques de préparation du vaccin

La technique de production de la vaccine consistait à raser le flanc d'une génisse, à laver la zone d'inoculation, à effectuer une multitude de scarification puis à la badigeonner avec une suspension de virus de la vaccine. La peau dénudée devait être soigneusement massée afin de permettre au virus de pénétrer dans les lésions induites. La récolte de la pulpe vaccinale s'effectuait au cinquième jour, lorsque la culture du virus atteint son plein développement. Les flancs de la génisse étaient désinfectés afin de prélever les vésiculeuses papuleuses. À l'aide d'une curette, on récoltait les éléments vaccinaux : lymphe, croûte, tissu dermique, ce qui permettait d'obtenir un produit visqueux, la pulpe vaccinale. Pour éviter sa coagulation, on ajoutait de la glycérine qui avait en outre un effet bactéricide sans altération de l'activité du virus. La pulpe était alors broyée puis tamisée sur des toiles de mailles afin d'obtenir un produit sirupeux, le vaccin, destiné à subir différentes épreuves de contrôle avant sa commercialisation. Cette technique de préparation de la vaccine sur les veaux a subi au cours de sa longue histoire des améliorations successives : développement de tests biologiques visant à préciser l'absence de maladie infectieuse et en particulier de tuberculose bovine chez les animaux. L'inspection vétérinaire imposait une quarantaine. Des contrôles biologiques (hémoculture) étaient réalisés au moment de la récolte de la pulpe vaccinale. Il est à noter que le problème de la vache folle ne s'est pas posé puisqu'aucun vaccin antivariolique n'aura été produit sur bovins dans les années 1980, lors de l'apparition de cette maladie.

Afin de maintenir l'efficacité du vaccin, la suspension inoculée à l'animal ne devait pas avoir subi plus de cinq passages. Enfin les propriétés biologiques de la semence virale étaient analysées régulièrement. Quant au vaccin lui-même, il subit de nombreuses améliorations. Le problème majeur demeurait la présence de germes contaminant dans la pulpe vaccinale. Dès 1920, un effort fut réalisé pour obtenir un produit contenant une très faible concentration de bactéries. L'emploi du glycérol dès 1889, comme stabilisateur et agent antibactérien, s'accompagna également d'une amélioration de la conservation du vaccin, à basse température. En France, l'Institut Mérieux préparait, dans les années 1970, un vaccin purifié par ultracentrifugation conservé dans une solution contenant 45 % de saccharose.

Toutefois la stabilité du produit liquide demeurait insuffisante dans les pays tropicaux. Le passage d'un vaccin liquide à un vaccin lyophilisé allait permettre d'intensifier les campagnes de vaccination dans les pays de l'hémisphère Sud. En 1917 lors de la Première Guerre mondiale, L. Camus et A. Fasquelle firent appel à une technique de dessiccation sous vide et à l'état congelé du virus vaccinal. Cette technique leur permit d'obtenir un vaccin sec, placé dans des tubes scellés sous vide. Ce produit stable à la température ambiante pouvait être facilement distribué dans les régions tropicales, il assurera rapidement une lutte efficace contre la variole, notamment en Afrique occidentale et équatoriale. En parallèle de l'amélioration des techniques de production du vaccin, un effort fut réalisé pour standardiser les contrôles de sa qualité et notamment de son activité.

Enfin, une évolution de la technique de vaccination compléta ces modifications techniques grâce notamment à l'introduction des injecteurs sous pression et surtout de l'aiguille bifurquée. La vaccination consistait à reconstituer d'abord le vaccin lyophilisé avec un solvant. L'ampoule contenait généralement plusieurs doses, il fallait donc récupérer l'équivalent d'une dose, la déposer sur la peau scarifiée. Cette pratique demeurait délicate, en particulier lors des campagnes de masse. Les chercheurs du laboratoire américain Wyeth à Philadelphie mirent au point une aiguille dont l'extrémité bifurquée était calibrée pour récupérer dans un flacon de vaccin reconstitué l'équivalent d'une dose vaccinale. La vaccination était réalisée par des applications successives de l'aiguille sur la peau du sujet. La structure de l'aiguille bifurquée empêchait une pénétration en profondeur du produit qui était déposé superficiellement. En général, une quinzaine de ponctions étaient réalisées pour une vaccination. L'aiguille était conçue pour être réutilisée après désinfection à la flamme. Cette méthode simple, relativement précise, devint rapidement la technique de choix de la vaccination antivariolique. Elle participa grandement au succès de l'éradication de la maladie.

La vaccination dite jennérienne à ses débuts faisait appel au virus du cowpox ou plus rarement à celui du horsepox. Ultérieurement est apparue une nouvelle souche vaccinale : la vaccine. L'origine exacte de celle-ci est inconnue, cette souche a rapidement remplacé le virus cowpox, notamment pour la production du vaccin sur animaux. Mais, jusqu'à l'éradication de la maladie dans les années 1970, différentes pratiques vaccinales ont été utilisées : la variolisation semble s'être maintenue dans différents pays, de même que l'usage de la pulpe vaccinale par passage de bras à bras, notamment en Afrique au début du siècle, et l'utilisation occasionnelle de poxvirus provenant d'animaux. À ces rares exceptions, la lutte contre la variole résulte de l'utilisation de la vaccine qui fut la source de la production du vaccin industriel et qui a permis l'éradication de la maladie.

En 1967, l'Organisation mondiale de la santé avait identifié 59 laboratoires producteurs du vaccin contre la variole. La quasi-totalité faisait appel à la technique de production sur animaux. Différentes souches de virus de la vaccine étaient utilisées, les plus fréquentes étant la souche Lister suivie de celle New York (ces souches seront reprises en 2000 pour la production de vaccin de seconde génération), EM-63 (utilisé en URSS) ou encore une souche chinoise. L'histoire de ces différentes souches vaccinales reste mystérieuse. Par exemple, la souche Lister proviendrait du virus de la variole isolé, en 1870, chez un soldat prussien à l'Institut des vaccins à Cologne. Au cours de manipulations successives, ce virus fut contaminé par celui de la vaccine, il en résulta une souche vaccinale qui fut transmise en 1916 à l'Institut Lister en Angleterre. C'est également à la suite d'une contamination qu'apparut la souche utilisée en Chine. Ces contaminations croisées entre les souches de virus de la variole et de la vaccine étaient le résultat d'une expérimentation conduite dans les centres de vaccination avec les deux virus. Parmi les recherches les plus communes à cette l'époque celle qui consistait à essayer de transformer le virus de la variole en virus de la vaccine par passage successif sur les animaux de laboratoire était très prisée. Bien que cette transformation ne fut jamais établie, on conçoit aisément le risque de mélange des deux virus dans les centres de recherche.

Il est rapidement apparu que la qualité de la vaccination dépendait de la quantité de virus administré. Des titres viraux supérieurs ou égaux à 10^8 unités infectieuses par millilitre étaient requis pour assurer la vaccination. Par ailleurs, les vaccins étant préparés sur animaux et ne pouvant subir une filtration stérilisante en raison de la taille du virus de la vaccine, ils étaient contaminés avec des germes bovins : la limite acceptable était d'un maximum de 500 micro-organismes par millilitre après avoir constaté l'absence de germes pathogène pour l'homme. Une coordination s'organisa à partir des laboratoires de références accrédités par l'OMS pour vérifier la qualité des vaccins produits dans les différentes unités. En 1967, moins de 10 % des vaccins testés passaient les critères d'acceptabilité proposés par l'OMS. Un important effort fut alors entrepris pour améliorer la qualité des vaccins et, à partir de 1973, la plupart des vaccins répondaient aux normes internationales sur les critères d'activités, sur le nombre de germes ainsi que sur la stabilité.

III. – La protection conférée par la vaccination et ses effets secondaires

L'inoculation d'une forte concentration de virus de la vaccine dans la peau s'accompagne d'une intense multiplication virale et d'une réponse immunitaire plus rapide encore que lors d'une infection naturelle, ce qui explique que la vaccination pendant l'incubation de la variole pouvait protéger ou au moins modifier la sévérité de la maladie. Cette pratique demeure recommandée en cas de réémergence de la variole. Le succès de la vaccination résultait donc d'une intense réponse immunitaire humorale et cellulaire.

Jenner interpréta l'inoculation du cowpox comme un moyen de prévenir définitivement la variole, il ne voulut jamais admettre le risque d'une diminution progressive de l'immunité conférée par un germe hétérologue. De nos jours, l'évolution dans le temps de la protection suite à une vaccination est une notion bien connue, le rappel, même avec des vaccins vivants atténués (rougeole, oreillons, rubéole) est une pratique parfaitement acceptée. Cette réponse immunitaire est à rattacher à la notion d'immunité induite avec des germes atténués, telle que nous la connaissons aujourd'hui et qui était totalement ignorée au temps de Jenner. À cette époque, on croyait que l'induction d'une maladie infectieuse au moyen de produit provenant d'une infection similaire chez l'animal garantissait une protection définitive. La nécessité de revacciner pour assurer une immunité à vie fut l'objet de passionnants débats. La grande épidémie de variole de 1870-1871 qui décima les troupes françaises tandis qu'elle eut une faible incidence parmi les soldats prussiens qui avaient été revaccinés fut un élément décisif dans le choix d'une revaccination systématique (cf. chap. II-V). Les Allemands furent les premiers à rendre obligatoire la revaccination dès 1874. Dans les régions où cette pratique fut introduite le taux de mortalité par million d'habitants diminua rapidement de quelques centaines à moins de dix. La pratique vaccinale à cette époque consistait en une première vaccination à l'âge de 2 ans suivie d'une seconde dose administrée à 12 ans.

De nos jours la question de l'immunité résiduelle et de la protection contre une réémergence du virus de la variole est d'actualité. Les dernières vaccinations obligatoires ont eu lieu à la fin des années 1970. Depuis près de vingt-cinq ans les vaccinations antivarioliques ont été arrêtées dans le monde. Pour les sujets ayant reçu une primo-vaccination et un ou plusieurs rappels, les études du suivi de leur état immunitaire montrent un niveau élevé en anticorps neutralisants le virus de la variole pendant au moins trente ans. Par contre, chez les sujets qui n'ont reçu qu'une primo-vaccination ce taux d'anticorps décroît rapidement après cinq-dix ans. Considérant que très peu d'individus ont reçu des rappels, il est probable qu'une large partie de la population est, de nos jours, susceptible d'être infectée par le virus de la variole.

La preuve de l'efficacité de la vaccination jennérienne fut apportée par la diminution rapide des cas de variole au début du XIXe siècle, bien qu'aucune étude dite d'efficacité, à large échelle, ne fût réalisée avec ce vaccin. Lors des épidémies notamment dans le sous-continent indien il fut possible d'évaluer rétrospectivement l'efficacité comparative entre sujets vaccinés et non vaccinés. Des taux compris entre 90 et 97 % furent généralement observés. Les rares cas de variole chez les sujets vaccinés pourraient être attribués à une qualité insuffisante du vaccin. La vaccination antivariolique induisait une cicatrice indélébile au point d'inoculation du vaccin. L'apparition d'une lésion cutanée sous forme de pustule et son évolution étaient le garant de la protection contre la variole.

Le succès de la vaccination contre la variole a longtemps amené les cliniciens à négliger les effets secondaires. En raison de la multiplication du virus localisé sur le site d'injection, des complications sous formes d'éruption étaient fréquentes chez des sujets présentant un eczéma. L'apparition d'une vaccine évolutive *(vaccinia gangrenosa)* pouvait être rencontrée chez des sujets immunodéprimés, elle se traduisait par des lésions autour du site de la vaccination qui se propageaient progressivement sur l'ensemble du corps. Cette vaccine généralisée résultait de la dissémination du virus par voie sanguine. Mais la complication la plus redoutable était l'encéphalite postvaccinale. Elle survenait uniquement au cours de la primo-vaccination. Sa fréquence était variable selon les pays, et la souche vaccinale utilisée. Aux États-Unis, par exemple, avec la souche New York de vaccine, les encéphalites postvaccinales étaient estimées à environ un cas pour 300 000 vaccinations. Entre le 8e et le 15e jour après vaccination, l'encéphalite apparaissait brutalement provoquant des vomissements, des céphalées, des convulsions et des signes méningés qui pouvaient rapidement évoluer vers un coma. La mortalité avoisinait 25 % et les séquelles neurologiques étaient fréquentes.

IV. – **Les vaccins dits de « seconde génération »**

Alors que la variole a disparu, il peut apparaître surprenant que les industriels s'intéressent à une nouvelle génération de vaccins contre cette maladie. L'explication tient en un mot : bio-terrorisme.

La décision des États-Unis de produire un stock de vaccin variolique est antérieure aux événements du 11 septembre 2001, elle remonte au démantèlement de l'Union soviétique et aux risques de fuite de chercheurs russes dans d'autres pays soupçonnés de développer des armes de guerre biologique. Le transfert du virus de la variole vers les pays « voyous » constitue pour les autorités américaines une menace prise très au sérieux et qui aboutit à la reconstitution d'un stock de vaccins selon une technologie moderne. Cette production vaccinale incomba à la société Acambis localisée à Boston. Outre ce projet de relancer une production du vaccin, les États-Unis disposaient d'un stock d'un vaccin ancien, commercialisé à l'époque sous le nom de Dryvax, et qui avait été produit au cours du programme d'éradication de la variole par la société Wyeth. Ce vaccin a été de nouveau testé afin de vérifier son efficacité et une étude a été faite pour évaluer si différentes dilutions de ce vaccin pouvaient être utilisées. Cette étude établit qu'une dilution d'un facteur 10 demeurait acceptable en termes de réactogénicité et d'immunogénicité (concentration finale du vaccin dilué : 10^7 particules infectieuses par millilitre), ce qui augmente d'un facteur identique le stock de vaccin. Par ailleurs, en 2002, la société Aventis Pasteur fournissait aux autorités américaines un complément de près de 70 millions de doses de vaccin de première génération préparé dans les années 1970.

À cette occasion, chaque pays a été amené à réévaluer son stock de vaccin. L'Organisation mondiale de la santé au lendemain de l'éradication de la variole en 1977 avait constitué un stock de vaccin conservé à Genève. Il s'élevait à 300 millions de doses et il fut détruit au début des années 1990, le coût annuel de maintenance (21 000 $) ayant été considéré, à cette époque, excessif. La France possède un stock de vaccin de première génération, produit il y a plus de vingt ans, récemment réévalué à 61 millions de doses, dont 55 millions proviennent des laboratoires Pourquier et 6 millions de la société pharmaceutique Aventis Pasteur. Il est remarquable de constater que tous ces vaccins produits sur animaux il y a plus de trente ans, conservés dans des congélateurs à – 20 °C n'ont perdu aucune activité et peuvent être utilisés de nos jours.

Les réglementations actuelles ne permettent pas la production d'un vaccin antivariolique sur le flan des génisses. La société Acambis utilisa la stratégie suivante : à partir du vaccin Dryvax, qui était préparé avec la souche de virus de la vaccine New York, des clones biologiques furent isolés par la méthode dite des plages de lyse. Cette technique virologique consiste à diluer le virus jusqu'à obtenir quelques particules virales qui, inoculées sur une nappe cellulaire, produiront des infections espacées. Une particule virale en pénétrant dans une cellule produit une infection locale qui se traduit par une destruction cellulaire détectable avec des méthodes de coloration vitale. Cette technique permet donc de séparer les particules virales et d'obtenir ainsi une sélection clonale. Le but d'une telle stratégie est d'obtenir un candidat vaccin considéré comme plus stable sur le plan génétique et phénotypique. Cette approche pouvait également favoriser l'élimination éventuelle d'agents contaminants d'origine bovine. Des lots de semence ont été produits sur cellules diploïdes MRC5 et validés grâce aux méthodes modernes de la biologie moléculaire. Le clone retenu, destiné à la préparation du candidat vaccin, s'est avéré similaire au vaccin original dont il dérive. Par la suite, le vaccin, préparé sur cellules (MRC5, puis vero), a été qualifié par des études précliniques sur modèle animal (singe) puis par des études cliniques chez l'homme. Les résultats connus à ce jour montrent que ce vaccin est tout à fait comparable en termes de réactogénicité et d'immunogénicité avec le vaccin de référence Dryvax. Des investigations cliniques se poursuivent pour valider définitivement ce nouveau vaccin qui pourrait être prochainement commercialisé aux États-Unis. Au cours de ces études biologiques récentes, il a été établi que le vaccin Dryvax contenait différentes sous-populations virales plus ou moins neurovirulentes pour les animaux de laboratoire. En partant d'un clone atténué, et en éliminant les sous-populations neurotropes, les chercheurs d'Acambis pensent que ce vaccin « seconde génération » pourrait être mieux toléré que les vaccins antérieurs. Le risque d'encéphalite postvaccinale notamment pourrait être supprimé. D'autres groupes pharmaceutiques (dont la société Aventis Pasteur) ont également produit des vaccins de seconde génération contre la variole qui diffèrent du vaccin d'Acambis par la nature de la souche vaccinale et celle du support cellulaire sur lequel ils sont produits.

La stratégie de vaccination dans la situation actuelle reste variable selon les pays. Aux États-Unis des vaccinations à l'aide d'un vaccin de première génération (produit sur animaux) ont été entreprises dès 2001 parmi le personnel potentiellement exposé (cf. chap. VII-III). La généralisation de la vaccination demeure un sujet très controversé en l'absence de réapparition de la variole. Comparativement aux années 1970, un élément nouveau est venu s'ajouter aux risques connus de la vaccination antivariolique : l'état d'immunodéficience, résultats d'infection (VIH) ou de traitement immunosuppresseur (greffes d'organes, cancers). Un événement récent attire l'attention sur le risque de vaccination chez ces sujets : en 1984 (soit dix ans après le dernier cas de variole) l'armée américaine continuait encore à vacciner les jeunes recrues amenées à servir dans certaines unités, notamment celles de la lutte antiterroriste. Parmi ceux-ci un homme de 19 ans apparemment en bonne santé, était infecté par le VIH. À la suite d'une primo-vaccination avec le virus de la vaccine, il a présenté une vaccine généralisée qui devait régresser lentement après traitement par immunothérapie passive à l'aide d'immunoglobuline spécifique. Le malade décéda quelques temps après des suites de l'évolution du sida. Ce cas rappelait alors le risque que représente une vaccination à l'aide d'un virus vivant atténué chez des sujets dont les défenses naturelles sont diminuées. La vaccination systématique de la population, et en particulier des jeunes qui n'ont jamais été vaccinés, risque de s'accompagner de graves accidents, en relation avec une déficience immunitaire, à moins que les vaccins de nouvelles générations s'avèrent suffisamment atténués pour éviter les accidents secondaires habituellement rapportés avec les vaccins antivariolique produits sur animaux. De nos jours les sujets à risque appartiennent à plusieurs catégories : 1 / les personnes présentant de l'eczéma ; 2 / les malades atteints de leucémies, de lymphomes, ou de cancers généralisés sous chimiothérapie ou encore recevant de fortes doses de corticoïdes ; 3 / les sujets infectés avec le VIH ; 4 / les personnes présentant une immunodéficience héréditaire ; et enfin 5 / les femmes enceintes.

Si ces sujets à risque entraient en contact avec un sujet atteint de variole, la vaccination pourrait être recommandée à condition d'être associée à l'inoculation d'immunoglobulines spécifiques anti-vaccine. Cette association n'altère pas la vaccination. Toutefois les quantités disponibles d'immunoglobulines sont très limitées et ne pourraient répondre aux besoins en cas d'une vaccination généralisée de la population des États-Unis, par exemple.

Le risque de transmission du virus de la vaccine en milieu hospitalier doit aussi être pris en compte dans le cas de nouvelles campagnes de vaccination. Dans le passé, la transmission du virus de la vaccine a été à l'origine d'épidémies nosocomiales. À partir d'un malade hospitalisé à la suite d'une complication vaccinale, le virus a pu être transmis en milieu hospitalier. Une recherche historique portant sur la période 1907-

1975 a révélé 12 épidémies associées à 85 cas secondaires. Le mécanisme de transmission du virus reste mal connu mais semble ne pas être lié à des contacts directs, mais plutôt à un transfert du virus par le personnel soignant ou le matériel ou encore par le système de ventilation. Les rares cas secondaires ont tous présentés des infections cutanées et en particulier des eczémas, il n'y a jamais eu de cas sévère et notamment d'encéphalite. Toutefois, à cette époque, le personnel hospitalier était vacciné évitant ainsi la transmission entre les malades et le personnel soignant. Cette situation est évidemment différente de nos jours où une grande partie du personnel hospitalier n'a jamais été vaccinée ou, pour ceux qui l'ont été, la vaccination a eu lieu il y a plus de vingt-cinq ans. En outre, comme nous l'avons précédemment indiqué, un grand nombre de malades présentent une altération de leur défense immunitaire, ce qui risque de favoriser la transmission nosocomiale du virus de la vaccine. La décision de vacciner l'ensemble de la population des États-Unis comme cela a été évoqué soulève donc d'importantes questions sur le risque d'accidents postvaccinaux. L'évaluation du rapport risque/bénéfice n'apparaît pas en faveur d'une telle stratégie en l'absence de circulation du virus de la variole. L'utilisation d'une souche vaccinale très atténuée pourrait représenter une solution pour pallier aux risques d'accidents postvaccinaux et à celui de la transmission du virus de la vaccine. C'est pourquoi la préparation de vaccin « troisième génération » faisant appel aux souches de vaccine modifiée (cf. chap. VIII) est à l'étude.

Enfin le traitement des accidents de vaccination devrait bénéficier des recherches actuelles en particulier dans le domaine des antiviraux : le cidofovir et ses dérivés, qui agissent en tant qu'inhibiteur de l'ADN polymérase des poxvirus, s'avèrent prometteurs.

Chapitre VI

L'ÉRADICATION DE LA VARIOLE

I. – Le concept d'éradication ; les premières tentatives infructueuses (fièvre jaune, malaria)

Lorsque fut adopté par l'Organisation mondiale de la santé le projet d'éradication de la variole, plusieurs pays avaient déjà réussi à contrôler la maladie. Tel était notamment le cas de la plupart des pays européens, d'Amérique centrale ou du Nord. Le projet d'éradication de la variole prend place dans une politique d'éradication des maladies infectieuses qui a de fervents partisans comme des détracteurs.

L'idée d'éradiquer une maladie infectieuse et son agent infectieux a pris naissance assez rapidement après la révolution pasteurienne et la démonstration que des germes pouvaient être associés à des maladies. C'est incontestablement les travaux de la mission américaine dirigée par le major Walter Reed à Cuba, en 1901, qui allait offrir la première opportunité pour envisager l'éradication d'une redoutable maladie : la fièvre jaune. Dès la découverte de la source de la transmission de l'agent infectieux – le moustique *Aedes aegypti* –, le général William Gorgas lanca, à La

Havane, un vaste projet de lutte contre ce vecteur. Les résultats furent spectaculaires puisqu'en moins d'un an la maladie a disparu de l'île de Cuba, où elle n'est, à ce jour, jamais réapparue. Cette lutte antivectorielle fut alors étendue à l'ensemble du continent américain avec un succès similaire aux États-Unis, au Panama et au Brésil. La nécessité d'intensifier la lutte contre la fièvre jaune dans le Nouveau Monde se justifiait avec l'ouverture du canal de Panama qui pouvait favoriser l'introduction du virus en Asie où la maladie était inconnue. C'est ainsi que, sous l'égide de la fondation Rockefeller, fut lancé un projet d'éradication de la fièvre jaune dans les foyers résiduels d'Amérique du Sud. Malgré d'importants succès, cette entreprise fut vouée à l'échec, lorsque, en 1932, Fred Soper découvrit l'existence d'un cycle selvatique de la fièvre jaune, qui faisait intervenir des singes et des moustiques, dans les régions forestières de l'Amazonie. La lutte contre *Aedes aegypti* était facilement réalisable en milieu urbain, celle contre des moustiques selvatiques (forestiers) était impossible. Le projet fut abandonné en 1935.

Il s'ensuivit un nouveau projet d'éradication, celui de la malaria, autre maladie infectieuse transmise par un vecteur, l'anophèle. Le succès obtenu dans différents pays (États-Unis, France, Italie) dans la lutte contre cette redoutable parasitose servait d'appui à ce projet. Mais l'élément décisif a été la découverte d'un insecticide miracle, le DDT. En 1955, avec le soutien de nombreux chefs d'État et des moyens financiers considérables l'OMS allait se lancer dans un programme d'éradication de la malaria avec comme stratégie la destruction du vecteur au moyen du DDT et le traitement des malades par la quinine. L'opération fut un échec, et aboutit en outre à l'émergence de moustiques résistant aux insecticides et à des plasmodiums résistant à la quinine comme à ses dérivés. Cette situation perdure de nos jours, la malaria demeure une des principales maladies infectieuses dans les pays tropicaux, alors que l'arsenal médical est de plus en plus limité par les résistances acquises par les plasmodiums. Le programme d'éradication prit fin progressivement dès la fin des années 1960.

C'est donc dans un contexte d'échecs successifs que fut lancé en 1958, le projet de l'éradication de la variole. Les avis étaient très partagés du fait des échecs précédents, du coût exorbitant de la lutte contre la malaria. D'un autre côté, le projet d'éradication de la variole était réalisable compte tenu de sa transmission exclusivement interhumaine, de l'absence de réservoir animal, de l'existence d'un excellent vaccin facile à administrer induisant une cicatrice indélébile et permettant ainsi d'identifier facilement les sujets vaccinés. Ce programme reposait donc sur de solides arguments. Mais, incontestablement, le poids politique de l'initiateur de ce projet, l'Union soviétique, allait jouer un rôle déterminant face à la résistance opposée par le pragmatisme des experts de l'OMS englués dans une lutte coûteuse et peu efficace contre la malaria. L'Union soviétique venait de rejoindre les instances internationales, sous l'impulsion de

Khrouchtchev et semblait tourner la page du stalinisme, il ne fallait en aucun cas décourager cette initiative. Le projet fut proposé par l'académicien et vice-ministre Viktor Zhdanov au cours de l'Assemblée mondiale de la santé en 1958 (par la suite, le Pr Zhdanov sera à la tête de la société Biopreparat, chargée du programme de guerre bactériologique, dont la variole constituera une des armes les plus étudiées par les Soviétiques (cf. chap. VII-II). Les arguments épidémiologiques du Pr Zhdanov étaient justifiés par l'expérience acquise dans la lutte contre cette maladie en URSS, où des épidémies réapparaissaient consécutivement à la réintroduction périodique du virus à partir des pays limitrophes. La solution passait par une éradication mondiale de la maladie et de son germe. La résolution fut votée en 1959.

II. – Les stratégies successives du programme d'éradication de la variole

En 1959, 63 pays rapportaient un total de 77 555 cas de variole. Ces chiffres étaient de toute évidence très fortement sous-évalués. La variole persistait à l'état endémique en Afrique, en Amérique du Sud et en Asie. La stratégie initiale consistait à vacciner au moins 80 % des populations de chaque pays. La responsabilité de l'organisation des campagnes de vaccination incombait aux États, l'OMS assurant un support logistique dans la distribution du vaccin et la formation du personnel. Les fonds alloués à ce projet étaient ridicules par rapport à son ambition : 100 000 à

400 000 $ par an les premières années, soit 0,6 % du budget de l'OMS (on rappellera à cet effet que pour produire un stock de vaccin à titre préventif contre la variole, les États-Unis ont investi 800 millions de dollars en 2000-2003). Au cours des premières années de lutte contre la variole, les résultats étaient décevants, le taux de 80 % de couverture vaccinale apparaissait insuffisant, notamment en Inde où, ce taux étant atteint dans certaines régions, des épidémies continuaient à se manifester. D'une manière générale, l'importance de la maladie avait été sous-évaluée notamment dans les pays de l'hémisphère Sud. L'absence de notifications fiables des cas rendait difficile sinon impossible l'appréciation des progrès de la lutte contre cette maladie. Des données rétrospectives établissent qu'en 1967, alors que l'OMS déclarait 131 000 cas de variole, la réalité approchait 10 à 15 millions. Moins de 1 % des cas étaient réellement rapportés. Cette même année fut lancée une nouvelle phase dans la lutte contre la variole. Avec des moyens financiers plus important, un programme de surveillance de report des cas, un vaccin amélioré, des tests de contrôle de qualité des vaccins produits à travers le monde, la création de laboratoires de référence et un ensemble de mesures techniques et réglementaires qui vont constituer le support du programme intensifié d'éradication de la variole sous la direction du Dr Henderson membre des Centers for Disease Control, à Atlanta. À cette date, 31 pays étaient encore considérés comme endémiques. Le scepticisme de certains experts reposait sur la difficulté à éradiquer la variole

dans les pays les plus pauvres. C'est en fait de ces pays que viendra la solution qui permettra de réorienter le programme d'éradication de la variole vers une nouvelle stratégie. En 1966, une épidémie de variole est notifiée dans la province d'Ogoja à l'est du Nigeria. Le Dr William Foegge, en charge du programme de lutte contre la variole dans ce pays, constate qu'il ne possède qu'une très faible quantité de vaccin rendant impossible d'atteindre l'objectif de 80 % de vaccination. Il propose alors à son équipe de visiter les différents villages de la région où sévit l'épidémie, de recenser les cas, de les isoler et de limiter l'usage du vaccin aux sujets contacts. Cette stratégie supplétive, s'avéra la solution de la lutte contre la variole dans le monde. Non seulement l'épidémie au Nigeria fut combattue avec succès mais la maladie disparut de ce pays. Cette stratégie, basée sur la surveillance et l'isolement des cas, permettait de focaliser l'attention médicale sur une très faible tranche de la population et de limiter ainsi les vaccinations. Les résultats de cette nouvelle approche furent rapidement spectaculaires, la variole disparaissant d'Afrique de l'Ouest, du Brésil et d'Indonésie à la fin des années 1960. Ce succès dans la définition d'une approche nouvelle dans la lutte contre la variole sera complété quelques mois après par l'introduction de l'aiguille bifurquée mise au point par les laboratoires Wyeth : simple d'emploi, permettant d'inoculer une quantité précise de vaccin, facile à stériliser, l'aiguille bifurquée allait jouer un rôle également déterminant dans l'éradication de la variole.

III. – Les dernières étapes et la certification

Les succès de la campagne d'éradication de la variole allaient s'amplifier rapidement : en 1971, le continent américain était débarrassé de la variole, neuf mois après le dernier cas était rapporté en Indonésie. À la fin de 1972, la maladie restait confinée à seulement six pays : quatre en Asie (Inde, Pakistan, Bangladesh et Népal), deux en Afrique de l'Est (Éthiopie et Soudan). Face à ces progrès réguliers, il y eut bien quelques retours, non prévus, du virus dans certains pays : en 1970, en Allemagne, en 1972, en Yougoslavie ou encore en 1973, à Londres. Les guerres civiles notamment au Nigeria, au Soudan et au Bangladesh ainsi que la guerre entre la Somalie et l'Éthiopie constituèrent un frein au programme d'éradication de la variole. Au printemps 1974, une redoutable épidémie tua 25 000 personnes dans le nord-est de l'Inde. La maladie disparut d'Asie le 16 octobre 1975, lorsque le dernier cas fut rapporté chez une jeune fille au Bangladesh.

Finalement le dernier cas officiel d'une infection variolique naturelle fut rapporté en Somalie, le 26 octobre 1977, chez un jeune dénommé Ali Maow Maalin.

Le 8 mai 1980, lors de la 33e Assemblée mondiale de la santé, l'OMS concluait à la certification de l'éradication de la variole dans le monde. Cette position reposait sur les observations suivantes :

- l'éradication de la variole a été obtenue dans le monde ;
- il n'y a aucune preuve d'un retour de la maladie après deux années.

De nombreux facteurs favorables auront permis l'éradication de cette redoutable virose et de son virus. Ils sont à rechercher d'abord dans la spécificité du virus de la variole strictement inféodés à l'homme et dans les particularités cliniques de la variole. En effet, les formes cliniques inapparentes de la maladie étaient exceptionnelles et elles ne pouvaient être accompagnées de la transmission du virus. Cette caractéristique différencie définitivement le projet d'éradication de la variole de celui contre la poliomyélite, par exemple. Pour cette maladie, seulement 1 % des cas cliniques sont associés à des paralysies, la majorité des sujets en contact avec le virus de la poliomyélite présentant une forme inapparente de la maladie, tout en demeurant aptes à amplifier et à transmettre le virus.

Par une étrange coïncidence, l'histoire de la variole ne devait pas s'arrêter en Afrique, un ultime cas consécutif à une désimination du virus dans un laboratoire sera rapporté au pays de Jenner : en effet, le 28 août 1978, les autorités anglaises notifiaient à l'OMS que Mme Parker Janet était infectée par le virus de la variole. Elle devait décéder le 11 septembre. Elle était photographe à l'Université de Birminghan. Les conditions de sa contamination ne furent jamais élucidées avec précision. L'enquête établit une relation avec le laboratoire du Pr Henry Benson, éminent spécialiste des poxvirus, dont les activités portaient sur des études comparatives du virus de la variole et de celui du whitepox. La disposition du laboratoire de virologie par rapport au studio de photographie de Mme Parker suggère que le virus aurait pu se diffuser dans les gaines du système de ventilation du bâtiment. Le 22 septembre, la mère de Janet Parker déclara à son tour la maladie dont elle présenta une forme atténuée. Ainsi se termina, dans des conditions dramatiques, l'histoire de la variole et de son germe, d'autant que le Pr Bedson devait se suicider à la suite de cette affaire.

Cet incident révélait le risque potentiel de création de foyer épidémique à partir des laboratoires de recherche. Il fut alors décidé de détruire les stocks de virus de la variole, et d'autoriser uniquement deux laboratoires de haute sécurité, situés aux États-Unis (Atlanta) et en Union soviétique (Moscou), à détenir des stocks de virus de la variole. Les autres laboratoires devaient suivre les recommandations de l'OMS et détruire tous les stocks de virus ainsi que des échantillons potentiellement contaminés. Cette opération fut réalisée progressivement. L'Afrique du Sud fut le dernier pays à détruire le virus de la variole en 1983.

En 1984, les médecins chinois révélaient que des épidémies de variole, dues à la pratique de la variolisation, s'étaient produites dans le Yunnan en 1958. Cet accident apparaissait relativement commun, d'autres épidémies ayant la même source se seraient produites entre 1962 et 1965 en Mongolie intérieure. Les inoculateurs entretenaient le virus annuellement par passage entre individus, et la pulpe vaccinale était conservée dans des jarres supplémentées annuellement par de la pulpe fraîche. Bien que les conditions de conservation et notamment de température ne soient pas idéales, de telles préparations pouvaient maintenir le virus de la variole viable pendant plusieurs années.

La pratique de la variolisation s'était maintenue jusqu'en 1965 en Chine, 1973 en Afghanistan, 1974 au Pakistan et 1976 en Éthiopie. L'intervalle de temps d'exposition de ce matériel infectieux (vingt à trente ans) est largement suffisant pour affirmer une totale inactivation du virus de la variole.

IV. – **La destruction des stocks du virus de la variole**

Dès 1986, la question de la destruction des stocks de virus de la variole, maintenus à Atlanta et à Moscou, a été posée par un comité d'experts de l'OMS. Cette destruction avait été reportée, en l'attente de la connaissance de la séquence du génome du virus de la variole. Dans un effort de collaboration conjoint, les scientifiques américains et soviétiques présentaient, en 1993, la séquence complète des souches de *variola major* Bangladesh-1975 et India-1967. D'autres souches furent aussi séquencées, dont la souche de *variola minor* dénommée Garcia-1966, isolée au Brésil. En 1993, en possession d'importantes informations sur la structure du génome de divers virus de la variole, le débat fut relancé pour définitivement détruire les stocks de virus de la variole. À cette date l'OMS organisait un meeting à Glasgow sous le thème : *Variole : l'étape finale vers l'éradication définitive*. Les partisans de la destruction du virus appuyaient leur position sur les informations génétiques connues, l'absence d'intérêt d'étudier un germe qui n'existait plus et enfin l'effet dissuasif vis-à-vis de pays qui auraient conservé le virus à des fins militaires et qui après la destruction des stocks maintenus à Atlanta et à Moscou assureraient seuls la responsabilité de la réapparition de la variole. Les partisans de la conservation du virus faisaient valoir que la variole pouvait réémerger, par exemple à partir de corps congelés dans les zones polaires, ou d'échantillons conservés par erreurs dans des laboratoires ou encore suite à l'évolution du virus monkeypox. L'argument essentiel en faveur du maintien du virus de la variole reposait sur le fait que sa réapparition éventuelle nécessiterait des études complexes faisant appel à l'agent infectieux et qui ne pouvaient être déduites des seules informations génétiques, d'autant que le support moléculaire de la virulence demeure inconnu, de même que le rôle des nombreuses protéines virales qui reste à préciser. Ce meeting comme d'autres ultérieurement ne fut suivi d'aucune action. À ce jour le débat reste ouvert, la dernière date proposée par l'OMS pour la destruction des stocks de virus de la variole conservés aux États-Unis et en Russie fut le 31 décembre 2002. Sans succès. Avec le risque potentiel de réapparition du virus en relation avec un acte terroriste, comme l'a souligné Ken Alibeck, dans l'ouvrage *La guerre des germes,* la destruction du virus de la variole est de moins en moins à l'ordre du jour. Dès 1999, des recherches sur ce virus se sont intensifiées au CDC à Atlanta et au laboratoire Vector en Sibérie sous le contrôle d'un comité d'expert de l'OMS. Parmi les orientations données aux recherches actuelles, la mise au point de médicaments et de test rapide de diagnostic ainsi que l'étude de la diversité génétique des virus de la variole constituent des axes prioritaires. Ces dernières années, des résultats significatifs ont été rapportés par ces laboratoires : mise au point d'un modèle animal sur singe *cynomolgus* capable de reproduire la maladie humaine, évaluation de plusieurs médicaments dont le cidofovir et des analogues, mise au point d'un test rapide de diagnostic par PCR, etc. La finalité des recherches actuelles est clairement établie : prévenir une attaque terroriste avec le virus de la variole.

Chapitre VII

LE VIRUS DE LA VARIOLE COMME ARME DE GUERRE BACTÉRIOLOGIQUE

I. – Son utilisation dans le Nouveau Monde par les Anglais

Au cours de la guerre qui opposa les Anglais aux Français associés à des tribus indiennes, l'arme de la variole semble avoir été utilisée à plusieurs reprises par l'armée anglaise. Une série de correspondances atteste qu'au cours de l'affaire de Pontiac (du nom d'un chef indien qui opposa une farouche résistance aux troupes anglaises) en 1763, des couvertures contaminées par le virus de la variole furent offertes aux Indiens en espérant « produire l'effet escompté » selon William Trent, commandant anglais du Fort Pitt. Pure coïncidence ou succès de la guerre biologique, une redoutable épidémie décima les troupes indiennes durant l'été 1763.

De même, il semblerait que les Anglais opposés aux jeunes troupes américaines lors du siège de Boston, en 1775, puis celui de Québec (1775-1776) aient utilisé de nouveau le virus de la variole comme arme de guerre bactériologique : le stratagème employé consista à varioliser massivement des civils et à les disperser parmi les troupes adverses. La variolisation était une pratique très commune chez les Anglais et ses conséquences sur l'entretien des épidémies de variole étaient parfaitement connues des militaires. Par contre du côté américain, George Washington, qui avait contracté la variole dans son enfance, n'était pas en faveur de cette pratique dangereuse. Il s'ensuivit des épidémies particulièrement meurtrières qui jouèrent un rôle non négligeable dans la défaite des soldats américains dans leur tentative de s'emparer d'une partie du Canada.

Par la suite, la vaccination jennérienne amena l'abandon de cette stratégie militaire qui s'avérait d'une grande simplicité de mise en œuvre et efficace.

II. – Le programme d'armement biologique des Soviétiques

Les Japonais au sein de l'Unité 731, en Manchourie, avaient réalisé des expériences de transmission du virus de la variole parmi les prisonniers chinois. Les résultats de ces odieuses expérimentations humains sont tombés dans les mains des Alliés à la fin de la Seconde Guerre mondiale et ont probablement conditionné les recherches futures dans le domaine de l'armement biologique. Avec l'avènement de la guerre froide, Est et Ouest vont adopter une stratégie diamétralement opposée concernant leur programme de guerre bactériologique. Les Américains et les Anglais considérant le niveau de protection conférée par la vaccination suffisamment efficace vont abandonner les recherches sur l'utilisation du virus de la variole comme arme de guerre biologique. Cette position prendra un effet définitif, en novembre 1969, avec la décision du président Richard Nixon d'arrêter tous les programmes offensifs de recherche et de production d'armes biologiques. Il n'en sera pas de même pour les Soviétiques, qui vont se lancer dans un important programme de recherche sous le couvert d'une société à caractère pharmaceutique Biopreparat, censée coordonner les recherches et la production de médicaments et de vaccins pour l'ensemble du pays. En fait, cette société couvrira les activités de recherches et de production du plus important projet d'armes de guerre bactériologique mis en place par un État. Son existence sera révélée par deux transfuges soviétiques au début des années 1990 : Vladimir Pasechnik et Ken Alibek.

Parmi les armes biologiques produites par les Soviétiques le virus de la variole devait prendre une place prépondérante, en raison de sa capacité à être transmis par aérosols et de son pouvoir pathogène. Dès 1947, le ministère de la Défense établit près de Zagorsk (au nord de Moscou) un centre spécialisé en virologie, qui assura les travaux de recherche sur la variole. L'étape initiale fut le choix de la souche, avec comme critère une virulence optimale. De nombreuses souches virales provenant des épidémies qui continuaient à sévir dans le monde ou des virus de collections furent ainsi testés. Le choix se porta sur une souche originaire d'Inde : en 1959, suite au retour d'un visiteur en provenance de Calcutta, une redoutable épidémie se propagea à Moscou, qui ne fut arrêtée qu'à la suite d'une importante campagne de vaccination faisant appel à près de 6 millions de doses vaccinales. L'extrême contagiosité de la souche de virus de la variole responsable de cette épidémie et son pouvoir pathogène exacerbé amenèrent les militaires soviétiques à s'intéresser aux virus qui circulaient en Inde. Les épidémiologistes accompagnés des agents du KGB réussirent à se procurer des échantillons prélevés lors des épidémies de variole dans ce pays et ils sélectionnèrent une souche virale dénommée India-1967 connue par la suite sous le nom de code India-1. Celle-ci possède de remarquables propriétés : très pathogène, d'incubation courte, stable en aérosols, facile à conserver, autant de critères qui en ont fait la souche de virus de la variole de choix de l'armée soviétique. La production industrielle de l'agent infectieux, fut initialement réalisée par inoculation du virus aux œufs embryonnés provenant d'élevages locaux. Les rendements importants permirent de produire rapidement de grande quantité de virus de la variole. Le virus récolté à partir de la membrane chorio-allantoïque des œufs était conditionné sous forme liquide en présence d'un stabilisateur et d'un agent favorisant sa dispersion par aérosols. Contrairement à d'autres armes bactériologiques, le virus de la variole ne fut jamais transformé en poudre après lyophilisation (cette étape étant particulièrement dangereuse pour les opérateurs). La bonne stabilité du virus à basse température permettait de le conserver durant plusieurs années.

Dès les années 1970, le virus de la variole équipait les missiles balistiques intercontinentaux SS-11, SS-13 SS-17 puis à la fin des années 1980 les SS-18. Le virus était maintenu dans des caissons réfrigérés, qui lors d'un lancement d'un missile devaient se séparer avant l'objectif final pour se libérer en un nuage de fines gouttelettes infectieuses. La stratégie des experts soviétiques consistait à répandre d'importantes quantités de virus au-dessus des villes en vue de créer une épidémie et un état de panique, qui aboutiraient rapidement à déstabiliser les services médicaux du pays agressé. En raison de l'incubation d'environ deux semaines, les Soviétiques avaient estimé qu'en propageant de très fortes concentrations de virus cette période pouvait être réduite à environ cinq jours. Cette stratégie explique les énormes quantités de virus produit. C'est ainsi que dès la fin des années 1970, pour augmenter leur capacité, les Soviétiques vont abandonner la production du virus de la variole sur œufs pour développer la culture sur cellules de mammifères dans des biofermenteurs de 200 l, qu'ils porteront plus tard à 2 500 l, lorsque les activités industrielles furent transférées dans le centre ultra-moderne de Vector. L'emploi de biofermenteur de grande capacité permettait de rationaliser la production et surtout d'augmenter de façon considérable les rendements. Ken Albeck précise que, dans le centre de Vector, la production annuelle atteignait 20 000 l de virus variolique. Avec de tel volume les Soviétiques avaient estimé qu'ils étaient en mesure d'infecter plusieurs millions d'individus en quelques jours, la transmission interhumaine devait par la suite assurer le relais de la propagation du virus.

Cet important programme de production du virus de la variole traversa deux dates cruciales : en 1972, l'Union soviétique signa la Convention d'interdiction des armes biologiques ; en 1980, lorsque l'éradication de la variole était prononcée par l'OMS, au lieu de détruire leur énorme stock de virus, les experts militaires interprétèrent cette décision comme une chance unique de valoriser cette arme biologique. D'importants travaux concernant ce virus furent conduits dans le centre de Vector situé à proximité de Novossibirsk en Sibérie. Construit en 1975, cet Institut allait devenir opérationnel en 1982. Équipé de plusieurs laboratoires à haute sécurité (P4), il employait 4 500 personnes dont 250 chercheurs à son apogée, à la fin des années 1980. De nombreux virus très pathogènes (Ebola, Marburg, Lassa, Machupo) étaient étudiés dans ce centre, mais le virus de la variole occupait une place prépondérante. Il était manipulé dans les laboratoires désignés numéros 6 et 6 A, constitués d'une enceinte à dépression, dans lesquels les scientifiques opéraient en scaphandre à surpression. Le laboratoire 6 A possédait en outre une chambre d'expérimentation pour étudier l'efficacité de la transmission du virus de la variole par aérosols. Les animaux, essentiellement les singes, étaient soumis à des traitements divers en vue d'optimiser les conditions de dispersion du virus dans des environnements climatiques divers. Dans cette enceinte des mini-bombes étaient également expérimentées, à partir de modèles mathématiques sophistiqués. Ces expériences permettaient d'appréhender l'efficacité des armes ainsi développées. La production en biofermenteur de 2 500 l du virus de la variole était réalisée dans le bâtiment 15, la capacité optimale de ce bâtiment de production était d'environ 100 000 l de virus. En prenant en considération les propriétés de croissance du virus de la variole (quatre-cinq jours) cette production correspond à une activité habituelle dans l'industrie du vaccin et rend donc ces chiffres, rapportés par le transfuge Ken Alibek, tout à fait probables. Les chercheurs de Vector ne se contentèrent pas de produire d'importantes quantités de virus de la variole. Ils initièrent, dès 1989, des travaux de recherches visant à utiliser les outils de biologie moléculaire pour augmenter la virulence du virus de la variole. Le but recherché consistait à insérer des gènes d'autres virus dans celui de la variole en vue de créer des virus chimères. Parmi ces virus ainsi synthétisés à Vector, une chimère Variole/Ebola, avait pour but de développer ce que les militaires considéraient comme l'arme absolue : l'association de la transmissibilité du virus de la variole par aérosols et d'une létalité de 90 % du virus Ebola. La construction de cette chimère a-t-elle était réalisée ? La réponse à cette question reste inconnue. Il est toutefois acquis que cette approche technique est, de nos jours, à la portée de nombreux laboratoires de recherche comme en témoigne la production de chimères utilisant le virus du vaccin de la fièvre jaune 17D : la société Acambis (Massachusetts) a notamment créée des virus chimères fièvre jaune / encéphalite japonaise ; fièvre jaune / dengue ; fièvre jaune / West Nile, en vue de préparer des vaccins contre ces redoutables maladies tropicales. La création d'un virus chimère variole / Ebola est donc tout à fait possible, les propriétés biologiques d'un tel monstre restant inconnues. Il n'est pas évident que l'effet recherché – « un super virus de la variole » – soit atteint par cette approche. Le mécanisme de virulence du virus Ebola reste mal connu ; la réalisation d'une chimère hypervirulente nécessiterait de nombreux travaux de recherche qui sont toutefois réalisables dans la mesure où les scientifiques possèdent un modèle animal très sensible, le singe, permettant d'évaluer ce virus recombinant.

Ce programme de recherche sur les armes biologiques fut maintenu secret jusqu'en octobre 1989, lorsque le Dr Vladimir Pasechnick passa en Occident et révéla aux services secrets anglais des informations détaillées sur l'activité secrète de Biopreparat. Les Occidentaux furent stupéfiés par la nature et surtout l'ampleur de ce projet. Margaret Thatcher et George Bush protestèrent auprès des autorités soviétiques en avril 1990. Accusations rejetées par Mikhaïl Gorbatchev, qui continuait à nier l'existence d'un programme de développement d'armes biologiques. Sous la pression diplomatique exercée par les Occidentaux, Gorbatchev accepta alors un programme de visites réciproques en Union soviétique et aux États-Unis pour évaluer les accusations mutuelles sur les programmes d'armes biologiques que les deux superpuissances étaient censées développer. Ken Alibeck (à l'époque directeur adjoint de Biopreparart) fut chargé de maquiller le programme de recherche d'arme de guerre biologique. Il révéla en détail dans l'ouvrage qu'il publia en 1999, *La guerre des germes,* l'ampleur de l'imagination déployée par les Soviétiques pour transformer les unités de production et les centres de recherches en d'inoffensifs laboratoires de recherche médicale. L'inspection, par un groupe d'experts anglo-américains, qui eut lieu en janvier 1991, notamment à l'Institut Vector, confirma les suspicions des Occidentaux sur la manipulation d'agents infectieux à des fins militaires et notamment du virus de la variole. Des informations plus complètes furent fournies aux Américains, lorsque Ken Alibeck rejoignit les États-Unis en octobre 1992. Il valida les déclarations de Pasechnick et apporta de nombreuses informations complémentaires qui confirmèrent l'ampleur du programme d'armement biologique des Soviétiques. Il fit notamment part aux services secrets occidentaux de sa suspicion que plusieurs scientifiques soviétiques aient rejoint clandestinement d'autres pays en emportant avec eux divers agents infectieux et notamment celui de la variole. Cette information fut rapidement corroborée par d'autres sources. Ce départ d'experts en armement biologique prenait son origine dans le délabrement des centres de recherche militaires au lendemain de l'effondrement du Bloc soviétique. De nombreux chercheurs sans activité avaient été approchés par des représentants de plusieurs pays intéressés dans le développement de leur propre programme d'armement biologique et qui voyaient dans ce transfert l'occasion d'acquérir un savoir-faire exceptionnel, ainsi que du matériel biologique impossible à obtenir par d'autres voies. La variole représentait un des germes les plus attrayants, d'autant qu'en dehors de cette source d'approvisionnement, il était impossible d'acquérir ce virus. Quelques millilitres sont suffisants pour amorcer une production sur des œufs embryonnés. Cette technique virologique est suffisamment discrète, puisqu'elle est utilisée par de nombreux laboratoires de recherche médicale et notamment les centres de surveillance de la grippe. La production du virus de la variole à une échelle industrielle, telle que l'avaient réalisée les Soviétiques, apparaît en revanche peu probable. Elle nécessiterait des installations et du matériel (biofermenteurs) qui ne pourraient passer inaperçus auprès des services secrets occidentaux. Par contre la production de quelques litres de virus de la variole peut être réalisée sans difficulté dans n'importe quel laboratoire de virologie. Ce matériel pourrait constituer une arme de guerre bactériologique pour des groupes terroristes. Cette possibilité demeure conditionnée à la dispersion du virus de la variole à partir des laboratoires soviétiques. Il ne semble pas qu'il existe d'autres sources pour l'acquisition de ce virus.

III. – Le risque terroriste et sa prévention

Les suspicions de Ken Alibeck sur le départ des scientifiques soviétiques vers des pays abritant des groupes de terroristes sensibilisèrent particulièrement l'administration Clinton. D'autant qu'à cette époque les États-Unis avaient été victimes de la première attaque terroriste sur le sol américain par des groupes étrangers, en l'occurrence des islamistes, dirigés par Ramzi Youssef, qui avaient fait exploser une bombe de grande capacité au World Trade Center (26 février 1993). En mars 1995, des partisans de la secte Aum Shinrikyo répandaient du sarin dans le métro de Tokyo. À cette occasion les autorités japonaises révélaient que cette secte avait, à plusieurs reprises, entre 1990 et 1993, tenté, sans succès, de répandre des armes biologiques et en particulier l'anthrax et le botulisme dans le centre de Tokyo. La petite histoire retiendra que c'est après la lecture d'un ouvrage de science-fiction, en 1997, intitulé *L'Affaire Cobra* de l'écrivain Richard Preston, que Clinton prit définitivement conscience de la réalité du risque biologique. Le Président créa un groupe d'experts visant à apprécier ce risque, parmi les armes les plus terrifiantes qui furent identifiées, le virus de la variole venait en tête. Le débat s'intensifia entre partisan du risque biologique et ceux qui niaient sa réalité. Le *New York Times* révéla que cinq chercheurs russes avaient rejoint l'Iran, avec des échantillons de virus de la variole. Plusieurs autres pays étaient également accusés de produire des armes biologiques : la Corée du Nord, le Pakistan, la Libye et l'Irak. Pour ce dernier pays les services secrets américains, aidés par des sources israéliennes, affirmaient que les chercheurs irakiens avait mis au point par des techniques de génie génétique un virus camelpox hautement pathogène pour l'homme ! Rappelons que ce virus habituellement ne se transmet qu'exceptionnellement à l'homme. Quelle que soit la réalité de ces affirmations, l'administration Clinton allait rapidement réagir : le 10 avril 1998, le Président convia à une réunion un groupe d'experts présidé par Joshua Lederberg (prix Nobel de médecine), il en résulta diverses décisions notamment celle de produire un nouveau vaccin contre la variole. Le vaccin actuel, comme nous l'avons précisé précédemment, posait un énorme problème en termes de quantité et de qualité. L'armée américaine décida alors de débloquer d'importants crédits pour produire 300 000 doses supplémentaires destinées aux militaires. Mais, à la surprise des responsables du Pentagone, les grands groupes pharmaceutiques ne furent pas intéressés par cet appel d'offres (ce peu d'intérêt de l'industrie fut constaté pour d'autres vaccins destinés à la lutte contre le bioterrorisme et notamment la production d'un vaccin contre l'anthrax). Même les laboratoires Wyeth qui avaient pendant des décennies assuré l'approvisionnement en vaccin contre la variole, aux États-Unis, ne manifestèrent aucun intérêt pour ce projet. Finalement un petit laboratoire, DynPort, localisé dans le Maryland, accepta de produire ce vaccin (plus précisément la production fut sous-traitée au laboratoire BioReliance situé dans la banlieue de Washington). Devant ces déconvenues et les difficultés évidentes à mobiliser les industriels, le CDC lança un appel d'offres de 54 millions de doses vaccinales à livrer en 2004, appel d'offre qui fut porté après les événements du 11 septembre 2001 à 210 millions de doses. Il fut attribué à la société anglo-américaine Acambis (cf. chap. V-IV).

L'attaque de grande ampleur dont furent victimes les États-Unis en septembre 2001 amena les Occidentaux à réévaluer à leur tour le risque du bioterrorisme, et à considérer le virus de la variole comme une arme préférentielle que pourraient utiliser des terroristes. Les différents pays industrialisés adoptèrent une politique de reconstitution de stocks de vaccins tout en limitant les vaccinations aux personnes considérées comme à risques. Quant à l'acceptation des campagnes de vaccination elle reste très discutée, comme en témoignent les difficultés des autorités de santé française à recruter 150 volontaires parmi le corps médical pour une primo-vaccination. En absence de circulation du virus de la variole et face aux risques d'accidents secondaires à la vaccination, la motivation du personnel médical est très faible. Une situation similaire semble prévaloir aux États-Unis, où un programme national prévoyait de vacciner 500 000 volontaires (personnel hospitalier, pompiers, policiers, etc.) au cours du mois de mars 2003. Or pendant cette période moins d'un dixième des personnels retenus avait été vacciné. Le peu d'enthousiasme pour cette campagne de vaccination fut accentué par un nombre important d'accidents post-vaccinaux avec notamment une incidence de myocardite de 1 pour 1 700 vaccinés en plus des accidents habituels (un cas d'encéphalite, trois cas de vaccine généralisée). La campagne de vaccination préventive semble avoir remporté plus de succès chez les militaires américains puisque, à la même date, 411 000 volontaires sur les 500 000 prévus étaient vaccinés.

Cette différence s'explique par le caractère obligatoire de la vaccination chez les soldats.

Face à ces difficultés vaccinales quel est le risque potentiel d'une attaque biologique ? L'utilisation massive des armes biologiques par l'intermédiaire de missiles intercontinentaux ne semble plus être à l'ordre du jour. La principale menace demeure une attaque terroriste, par dispersion du germe dans un milieu confiné tel le métro ou un aéroport. Une telle stratégie suppose la production d'un produit lyophilisé pouvant être facilement dispersé par exemple dans les gaines d'aération. Cette stratégie nécessite une grande technicité sur le plan de la production de l'arme biologique, qui ne peut résulter que d'une connaissance approfondie des techniques de production, de purification et de conditionnement des armes biologiques. Peut-être, plus simplement, l'attaque biologique pourrait s'inspirer du passé : la dispersion du germe pourrait être réalisée par des volontaires « variolisés » comme l'avaient fait les Anglais au XVIIIe siècle. Dans le cas présent le risque d'épidémisation pourrait être amplifié par l'utilisation d'une souche hautement virulente telle que la souche India-1, utilisée pendant des décennies par l'armée soviétique et qui pourrait bien circuler dans les laboratoires de certains pays.

L'avantage du virus de la variole repose sur sa stabilité, sa facilité de transmission interhumaine afin de produire une épidémie dont l'ampleur dépend de la rapidité de réactions des autorités de santé du pays agressé. Il a été estimé qu'à partir d'une attaque terroriste localisée, au cours de laquelle 50 à 100 sujets seraient infectés, l'amplification du virus dans une population largement réceptive aboutirait, dans un premier temps, à une expansion du nombre de cas d'un facteur 10 à 20, suivie de la circulation du virus à un rythme similaire jusqu'à la mise en place des campagnes de vaccination. Entre le moment de la pulvérisation du virus de la variole et son diagnostic il faudrait environ deux semaines en raison de la durée d'incubation (douze à quatorze jours) et de l'apparition d'une éruption suffisamment évocatrice pour envisager une suspicion de variole. À ce stade, tous les individus suspects et leurs contacts devraient immédiatement être vaccinés. Chez les sujets déjà infectés, l'administration du vaccin dans les quatre premiers jours qui suivent le contact avec le virus pourrait empêcher ou tout au moins limiter la sévérité de la maladie. Les malades devraient être isolés de préférence à leur domicile afin d'éviter une amplification du virus en milieu hospitalier. Une campagne de vaccination d'urgence serait établie parmi le personnel hospitalier. L'isolement de tous les cas contacts pourrait s'avérer rapidement impossible. Prenant en considération que les sujets ne sont contagieux qu'au moment de l'éruption, il serait recommandé de surveiller la température des sujets en vue de mettre en place une procédure d'isolement du cas suspect. Une décision de vacciner l'ensemble de la population d'un pays devra être rapidement prise en fonction de l'efficacité des premières mesures qui auraient suivi l'attaque.

Chapitre VIII

LES POXVIRUS VECTEURS DE GÈNES

L'éradication de la variole à la fin des années 1970 coïncidait avec l'avènement des techniques de génie génétique, appliquées notamment à la mise au point de vaccins nouveaux. À cette époque, les vaccins viraux se répartissaient en deux groupes : vaccins inactivés et vaccins vivants atténués. Les vaccins inactivés tels que ceux de la rage ou de la polio sont obtenus par culture du virus sur un système cellulaire permissif tel que les cellules hétéroploïdes vero, issues de rein de singe vert *Cercopithecus aethiops,* puis ils sont inactivés par un composé chimique, bêta-propiolactone (vaccin rage) ou formol (vaccin polio). Cette stratégie ne peut être appliquée qu'à des virus qui produisent de grandes quantités de particules virales sur les supports cellulaires, en outre ces vaccins sont difficiles à produire, coûteux et nécessitent plusieurs injections pour induire une immunité à long terme. À l'opposé les vaccins vivants atténués sont constitués de l'agent infectieux dont le pouvoir pathogène a été modifié de façon empirique par des passages successifs sur des cellules ou des animaux de laboratoire. D'un coût faible, ces vaccins induisent une excellente réponse immunitaire protectrice, parfois même en une seule dose, mais ils présentent le risque d'induire des effets secondaires. Plusieurs vaccins vivants atténués sont ainsi très largement utilisés : rougeole, oreillons, rubéole, fièvre jaune. La préparation d'un nouveau vaccin vivant atténué demeure une approche empirique tout à fait aléatoire dont le succès n'est jamais garanti.

I. – **Le concept**

Face à ces approches anciennes, qui avaient fait leur preuve au cours de l'histoire des vaccins, le développement des techniques de biologie moléculaire dans les années 1980 allait ouvrir un champ d'exploration particulièrement ambitieux non seulement pour la préparation de nouveaux vaccins mais également pour le traitement de maladies telles que les cancers. Parmi les techniques mise au point à cette époque l'utilisation de virus vecteurs de gènes apparaissait une solution pour concilier l'induction d'une forte réponse immunitaire protectrice liée à la réplication du virus et des effets secondaires modérés. En d'autres termes, il s'agissait d'introduire le gène d'un virus contre lequel on voulait développer un vaccin au sein d'un autre virus dit vecteur. Ce virus chimère ainsi créé pouvait se multiplier chez le sujet à l'instar d'un vaccin vivant atténué et induire une réponse immunitaire contre les produits du gène retenu.

L'étape initiale, le choix d'un virus qui pouvait être utilisé comme vecteur de gènes, s'avérait essentielle.

La vaccine offrait une grande opportunité car, outre son exceptionnelle expérience dans le domaine de la vaccination, son génome présentait de remarquables propriétés : virus à ADN, donc plus stable du point de vue génétique que ne le sont les virus à ARN, réplication dans le cytoplasme cellulaire, absence d'insertion dans le génome des cellules hôtes, taille du génome importante (près de 200 000 paires de bases) alors que les gènes à insérer ne représentaient que quelques milliers de paires de bases. Ce virus allait devenir un vecteur de choix pour l'expression de gènes étrangers. Toutefois la longue expérience vaccinale avait montré que la vaccine pouvait entraîner des accidents graves, notamment neurologiques, et il apparaissait que ces effets secondaires ne pouvaient être tolérés pour l'avènement de vaccins nouveaux.

Plusieurs approches ont été envisagées pour dépasser ce problème.

– La première fut l'utilisation de la souche de vaccine dénommée Ankara (MVA). Celle-ci avait été modifiée par au moins 500 passages supplémentaires sur des cellules d'embryons de poulet. La souche ainsi obtenue s'avérait très atténuée, elle avait perdu ses propriétés de multiplication sur les cellules de mammifères et s'avérait non pathogène pour les animaux immunodéficients. En outre, elle avait été administrée à plus de 120 000 personnes sans aucun effet secondaire notable.

– La seconde consista à modifier une souche de vaccine par les méthodes de biologie moléculaire. Ces investigations portèrent sur la souche de vaccine Copenhague qui avait été très utilisée en Europe pour lutter contre la variole. L'atténuation complémentaire de cette souche fut obtenue en réalisant une série de délétions de plusieurs gènes non essentiels à sa réplication. La souche qui en résulta fut dénommée NYVAC (pour New York / vaccine), elle présente d'importants changements dans son aptitude à se multiplier *in vitro* sur des systèmes cellulaires (cellules humaines, équines, murines, porcine) tout en demeurant apte à se multiplier sur les fibroblastes de poulet et les cellules vero. Enfin cette souche présente des altérations significatives de son pouvoir pathogène *in vivo* comparativement à la souche de vaccine dont elle dérive.

– Enfin la troisième fit appel à d'autres poxvirus et en l'occurrence à deux avipoxvirus : fowlpox et canarypox. Ces virus aviaires avaient été initialement retenus pour la mise au point de vaccins pour les oiseaux. Ils allaient s'avérer d'un grand intérêt pour la médecine humaine. En effet, il fut observé que le virus fowlpox recombinant, c'est-à-dire dans lequel avait été inséré le gène de la glycoprotéine rabique, était capable d'exprimer cette protéine dans un système cellulaire de mammifère. De plus ce virus recombinant inoculé à l'animal produisait une réponse immunitaire protectrice vis-à-vis d'une inoculation du virus de la rage. Il fut démontré, dans ce modèle, que le canarypox s'avérait 100 fois plus efficace que le fowlpox. En partant d'une souche de canarypox dénommée Kanapox, qui constitue un vaccin vivant atténué destiné à protéger les canaris contre la variole du canari, il fut dérivé un clone biologique dénommé ALVAC (pour Albany, ville des États-Unis, où est localisé le laboratoire qui entreprit ces travaux). Les propriétés du canarypox s'avéraient remarquables : le virus se multipliait sur des cellules d'embryons de poulet, mais par contre son inoculation à des cellules de mammifères ou à l'homme s'accompagnait de l'expression de l'antigène étranger sans réplication du virus. En d'autres termes, ce virus possède la propriété d'induire une réponse immunitaire chez l'homme en présentant les antigènes étrangers au système immunitaire sans se multiplier chez celui-ci. Cette propriété évite la dissémination du virus chez son hôte et sa transmission éventuelle à d'autres individus. Ces découvertes surprenantes et inattendues de la biologie des virus avipox offraient de grandes possibilités de développer une nouvelle génération de vaccins pour la médecine humaine ou vétérinaire.

C'est ainsi que cette approche a vu une application industrielle à la préparation des candidats vaccins sous forme de poxvirus recombinants faisant appel aux techniques du génie génétique. La première étape consiste à insérer le gène étranger sélectionné dans un plasmide, de transfecter des cellules permissives qui auront été infectées par le virus de la vaccine ou l'avipox, d'utiliser ensuite les propriétés de recombinaison génétique bien connue des poxvirus afin d'insérer le gène étranger dans un site précis du génome du vecteur et enfin de sélectionner le virus recombinant grâce à différentes techniques disponibles. Une fois produit, le virus recombinant servira à préparer des lots de semence destinés aux développements des candidats vaccins.

II. – Les premiers candidats vaccins

Les investigations menées au début des années 1980 vont aboutir à l'obtention de très nombreux virus recombinants destinés à la préparation de vaccins humains ou vétérinaires ou encore à des traitements anticancéreux. Au total 19 candidats vaccins ont été créés et évalués en médecine vétérinaire. Parmi ceux-ci, sept ont abouti à l'obtention de vaccins commercialisés dont un vaccin contre la rage (Raboral) très utilisé pour vacciner les renards et qui a permis un recul spectaculaire de la rage vulpine en Europe de l'Ouest, un vaccin contre la grippe aviaire, un vaccin contre la maladie de Newcastle et enfin un vaccin contre la leucémie féline. En médecine humaine, on relève au moins 22 candidats vaccins utilisant la technologie poxvirus. Mais aucun n'est pour l'instant arrivé à un stade commercial. Les études précliniques (essais sur animaux) et cliniques ont apporté d'importantes informations sur l'intérêt de cette technologie :

L'injection des différents vecteurs MVA, NYVAC ou ALVAC, chez l'homme, s'est avérée parfaitement tolérée, aucun incident notable n'a été relevé. Mais rapidement la complexité de cette stratégie est apparue : dès les premières investigations, les poxvirus étaient présentés comme des vecteurs universels des gènes étrangers. On évoquait déjà l'insertion de plusieurs gènes permettant de préparer des vaccins combinés destinés à protéger contre plusieurs maladies. En fait, la réponse immunitaire s'est avérée très variable, il est apparu par exemple que l'ALVAC recombinant qui contient l'information génétique codant pour l'enveloppe du VIH induisait peu d'anticorps chez l'homme, alors que ce même vecteur induisait des titres élevés quand la glycoprotéine rabique était exprimée. Chaque antigène paraissait avoir un comportement spécifique.

Parmi les premiers résultats démonstratifs on citera ceux réalisés avec le virus de l'encéphalite japonaise. Ce virus est responsable d'importantes épidémies en Asie du Sud où il représente la première cause d'encéphalite dans cette région. Il s'agit d'un arbovirus (arthrop-borne virus) transmis par les moustiques du genre Culex, son cycle dans la nature est complexe, il fait intervenir notamment les porcs qui sont réceptifs à ce virus. Les chercheurs ont préparé un recombinant dans NYVAC qui comportait les gènes de surface du virus (pre-M et E) et un gène qui code pour une protéine non structurale (NS1) de l'encéphalite japonaise. L'inoculation de 10^8 particules de ce recombinant NYVAC-JEV chez des porcs s'accompagne de la production d'anticorps neutralisants et d'une résistance à une épreuve d'inoculation du virus sauvage à l'animal. Cette expérience démontre la protection induite par ce recombinant à une infection naturelle due au virus de l'encéphalite japonaise. L'étape suivante a été de tester ce vaccin chez l'homme. Deux candidats vaccins furent évalués NYVAC-JEV et ALVAC-JEV chez deux groupes de volontaires : un premier groupe avait été vacciné contre la variole (cette vaccination remontait à plus de vingt ans quand elle était encore obligatoire), le deuxième groupe n'avait jamais été vacciné contre la variole. Les résultats montrèrent que les sujets non vaccinés répondaient parfaitement en produisant des anticorps contre le virus de l'encéphalite japonaise après injection NYVAC-JEV. Par contre ceux qui avaient été au préalable vaccinés ne répondaient pas contre ce nouveau stimulus. La vaccination antérieure interférait avec le nouveau vaccin. Quant à la réponse vis-à-vis d'ALVAC-JEV elle n'était pas modifiée par une vaccination préalable, mais s'avérait peu efficace : seulement 20 % des sujets répondaient positivement avec un taux d'anticorps très faible. Il faut noter qu'au cours de ces premières études la réponse d'immunité cellulaire n'a pas été évaluée. Des résultats similaires furent observés, chez les militaires américains, dans le développement d'un vaccin contre le virus Hantaan, agent responsable de la fièvre hémorragique avec syndrome rénal. À ce stade, une conclusion s'imposait : l'immunité résiduelle obtenue lors des campagnes de vaccination, avant l'éradication de la variole, s'avère particulièrement persistante, et bloque la réplication du virus de la vaccine. Considérant que tous les adultes de plus de 20 ans avaient été vaccinés contre la variole, il devenait évident que l'utilisation d'un vecteur de gènes basée sur la vaccine allait être très restrictive et était donc incompatible avec une vaccination de masse. Par contre l'activité des avipox et tout particulièrement de l'ALVAC n'était pas limitée par l'immunité résiduelle obtenue par la vaccine.

III. – Les études en cours

Des travaux complémentaires allaient apporter de nouvelles piste sur l'intérêt des virus avipox comme vecteurs de gènes. L'évaluation des vaccins jusqu'à une date récente était basée sur la réponse en anticorps neutralisants qu'ils induisaient. Les tests pour évaluer le taux d'anticorps neutralisants consistent à mettre en présence le sérum d'un sujet vacciné avec le virus sauvage et à apprécier l'aptitude du sérum à bloquer la réplication virale sur un système cellulaire approprié. Ces tests réalisés *in vitro* explorent la réponse humorale du système immunitaire. La recherche d'une réponse cellulaire, deuxième composante du système de défense de l'organisme, à des agressions étrangères avait été très peu analysée pour évaluer l'efficacité des vaccins. Certains poxvirus recombinants qui expriment des gènes codants pour les protéines internes des virus tels Lassa ou rage, n'induisent pas d'anticorps protecteurs, alors que les animaux résistent à une infection naturelle contre ces redoutables virus. Ces vaccins assurent une protection chez l'animal grâce à l'immunité cellulaire qu'ils induisent. Ces données établissaient que l'immunité cellulaire induite par les lymphocytes cytotoxiques CD8 pouvaient constituer le support de la vaccination dans certaines infections.

Des observations diverses allaient aboutir à un nouveau concept dans la vaccination connue sous le terme anglo-saxon de *prime/boost* que l'on peut traduire par primo-immunisation/rappel. Le but est d'augmenter une réponse immunitaire considérée comme insuffisante à la suite d'une vaccination par un rappel réalisé avec le même antigène présenté mais avec un second vaccin construit sur une base technique différente du premier. Il est important de distinguer cette nouvelle approche vaccinale de certains vaccins qui nécessitent plusieurs doses pour assurer une protection. Par exemple, pour vacciner contre la poliomyélite avec un vaccin inactivé, il faut trois injections plus un rappel, réalisés avec le même vaccin. Dans le cas de la stratégie *prime/boost* plusieurs injections sont nécessaire mais elles font appel à des vaccins dont la préparation est différente. Diverses approches ont été proposées, faisant appel aux techniques modernes de production des vaccins. Dans tous les cas, il s'agit de produire une première réponse immunitaire *(prime)* avec un vaccin exprimant un antigène donné puis au cours d'une seconde injection avec un autre système d'expression du même antigène augmenter la réponse immunitaire et la modifier qualitativement *(boost)*. Le choix des vaccins dépend de l'effet recherché en termes de réponse immunitaire. Par exemple, en vue d'augmenter la production du taux d'anticorps tout en maintenant une réponse d'immunité cellulaire suffisante, la solution consiste à injecter d'abord un poxvirus exprimant la protéine (effet *prime*) suivi de l'injection de cette même protéine seule (effet *boost*). Pour obtenir une réponse immunitaire de type cellulaire intense, la solution consiste à utiliser deux vecteurs différents (adenovirus puis poxvirus) exprimant le même antigène.

Parmi les nombreuses applications qui résultent de ces observations préliminaires le développement d'un vaccin contre le sida offre une perspective encourageante. Le 23 avril 1984, la secrétaire d'État à la santé américaine, Margaret Heckler, annonçait la découverte du virus du sida, et affirmait qu'un vaccin serait testé dans les deux années à venir. Vingt ans après on doit reconnaître qu'aucun vaccin contre le sida n'est encore disponible. On en connaît quelques raisons : variabilité antigénique des VIH, faible induction d'anticorps neutralisants contre les isolats primaires, mauvaise connaissance des mécanismes protecteurs des muqueuses. De nos jours plusieurs candidats vaccins ont été étudiés chez les volontaires dont les résultats restent décevants. Tel est notamment le cas de l'emploi de vaccins sous-unitaire (protéine recombinante). La mise au point d'un vaccin faisant appel à la technologie *pox* a pris naissance dans le contexte de l'utilisation de ces vecteurs de gènes dans la production des vaccins et la stratégie vaccinale a suivi les progrès survenus ces dernières années. Les trois vecteurs MVA, NYVAC et ALVAC ont été utilisés, seuls ou en combinaison avec des protéines recombinantes du virus VIH. Généralement l'emploi du vecteur seul tel que l'ALVAC s'accompagne d'une réponse cellulaire chez 30-60 % de volontaires et d'une réponse faible en anticorps neutralisants. Par contre des résultats encourageants ont été obtenus dans le cadre de la stratégie de *prime/boost* faisant appel d'abord à ALVAC exprimant les gènes ENV, GAG et POL, qui codent respectivement pour les protéines de l'enveloppe, les protéines internes et la protéase du VIH, suivi de la vaccination avec une protéine recombinante gp120 du VIH. Cette vaccination s'est accompagnée de l'apparition d'anticorps à titre élevé, associés à une bonne réponse cellulaire. Ces études réalisées chez l'homme sont au stade clinique phase 2. Il est envisagé de tester ces candidats vaccins à une large échelle pour vérifier leur efficacité protectrice. D'autres associations vaccinales toutes aussi prometteuses ont été évaluées chez les singes, c'est notamment le cas de l'inoculation successive des vecteurs de gènes adénovirus et ALVAC. Dans ce cas, cette combinaison a pour but d'amplifier la réponse d'immunité cellulaire.

Outre les recherches relatives à l'ALVAC, d'autres poxvirus vecteurs de gènes sont évalués dans le cadre de la stratégie *prime/boost*. Tel est notamment le cas de l'utilisation du folwpox, avec un autre pox tel le MVA, appliqué à la vaccination contre la malaria.

L'avenir prochain nous dira si la stratégie *prime/boost* constitue une solution pour ce défi que représente la mise au point d'un vaccin contre le sida ou d'autres maladies Un succès ouvrirait une nouvelle page dans l'histoire de la vaccination.

En outre, la stratégie d'utilisation de vecteurs pox ouvre des perspectives dans le traitement des cancers en véhiculant des gènes dirigés contre les protéines spécifiques aux tumeurs dont la finalité réside en une réponse immunitaire à médiation cellulaire destinée à éliminer les cellules cancéreuses.

CONCLUSION

À l'heure de l'émergence d'un nouveau virus associé au syndrome respiratoire aigu sévère (SRAS), il est surprenant de constater que le virus de la variole à pris une place telle que les autorités médicales lui consacrent de nouvelles recherches et investissent des sommes importantes pour prévenir un retour criminel de cette virose. Le programme d'éradication de la variole a coûté 23 millions de dollars (de l'époque) alors que, pour reconstituer des stocks de vaccins les autorités américaines ont déjà investi entre 2002 et 2003 quelque 800 millions de dollars. Réalité d'un côté, risque potentiel de l'autre, ces deux virus suscitent la même crainte d'apparition d'une véritable pandémie telle que l'humanité les a connus au cours des siècles. Cette peur fait suite à l'optimisme qu'avait connu le corps médical dans les années 1970, lorsqu'on pensait que les maladies infectieuses avaient été vaincues. La découverte de vaccins, des antibiotiques, des antiparasitaires avait amené le secrétaire d'État a la santé américaine à déclarer, en 1967 : « Il est temps de fermer le livre des maladies infectieuses. » L'émergence de la pandémie de sida dans les années 1980 devait ramener l'homme à plus de modestie face à la nature. C'est dans ce contexte d'émergence de maladies nouvelles, qu'a été avancée la possibilité de réapparition du virus de la variole dans les mains criminelles. La préparation psychologique consécutive à l'émergence de nombreux germes associés à des maladies infectieuses (Ebola, hantaan, West Nile) a donné du poids à ce risque potentiel que représente l'arme biologique. Au-delà de ce risque militaire, l'impact qu'aura eu cette menace aura déjà fait une victime : l'éradication des maladies infectieuses. Y a-t-il un intérêt d'éradiquer un germe si celui-ci peut devenir une source d'armes de guerre biologique ? Peut-on réellement envisager d'arrêter les vaccinations dans ces conditions ? Ces questions se posent dès à présent avec le programme d'éradication de la poliomyélite : les autorités sont de plus en plus réfractaires à l'arrêt de la vaccination même après l'éradication du virus.

Le virus de la variole qui a marqué l'histoire de l'humanité, peut-il réapparaître ? Il est devenu certain que son retour ne pourra prendre effet que par une action criminelle, dont les conséquences sont imprévisibles, surtout si le virus diffusait dans les pays de l'hémisphère Sud, alors qu'il est probable que les pays industrialisés maîtriseront rapidement cette attaque biologique.

Mais au-delà d'une vision apocalyptique, entretenue par certains, les poxvirus peuvent constituer une arme de lutte contre les maladies infectieuses. Leur emploi comme vecteur de gènes pourrait constituer un nouveau chapitre dans l'histoire des vaccins et ouvrir celui de la thérapie génique. Technologies dont on peut espérer qu'elles contribueront à la révolution de la médecine de demain.

BIBLIOGRAPHIE

Hopkins D. R., The greatest killer, *Smallpox in History,* Chicago and London, The University of Chicago Press, 1983.

Tucker J. B., Scourge, *The Once and Future Threat of Smallpox,* New York, Atlantic Monthly Press, 2001.

Fenner F, Henderson D. A., Arita I., Jezek Z., Ladnyi. I. D., *Smallpox and its Eradication,* Geneva, World Heath Organization, 1988.

Alibek K., *La guerre des germes,* Paris, Presses de la Cité, 1999.

Darmon P., *La variole, les nobles et les princes. La petite vérole mortelle de Louis XV,* Bruxelles, Éditions Complexe, 1989.

TABLES DES MATIÈRES

Imprimé en France
par Vendôme Impressions
Groupe Landais
73, avenue Ronsard, 41100 Vendôme
Février 2004 — N° 50 944